中华优秀传统文化经典丛书

国学经典必修课

孝经·朱子家训

大字注音 ◆ 原文注释 ◆ 经典故事 ◆ 拓展训练

《国学经典必修课》编写组 ◎ 编

北方妇女儿童出版社
·长春·

版权所有　侵权必究　盗版必究

图书在版编目（CIP）数据

孝经·朱子家训/《国学经典必修课》编写组编. -- 长春：北方妇女儿童出版社，2023.7（2024.7重印）（国学经典必修课）
ISBN 978-7-5585-7284-5

Ⅰ. ①孝… Ⅱ. ①国… Ⅲ. ①家庭道德—中国—古代—儿童读物②古汉语—启蒙读物 Ⅳ. ①B823.1-49 ②H194.1

中国版本图书馆 CIP 数据核字（2022）第 248219 号

孝经·朱子家训

XIAO JING · ZHUZI JIAXUN

出 版 人	师晓晖	
策 划 人	师晓晖	
责任编辑	左振鑫	
开　　本	787mm×1092mm　1/16	
印　　张	10	
字　　数	250 千字	
版　　次	2023 年 7 月第 1 版	
印　　次	2024 年 7 月第 4 次印刷	
印　　刷	德州市嘉俊印刷有限责任公司	
出　　版	北方妇女儿童出版社	
发　　行	北方妇女儿童出版社	
地　　址	长春市福祉大路 5788 号	
电　　话	总编办：0431-81629600	
	发行科：0431-81629633	

定　　价　29.80 元

前言

中华民族的历史源远流长，其文化能够传承千年，与古代圣贤所创造的启蒙经典密不可分。这些国学经典凝聚着中华民族几千年的思想和智慧，是中华民族文化的主要载体之一，具有传承价值。对于孩子来说，从小学习中华优秀传统文化，对培养品德，树立正确的人生观和价值观有着重要的作用。

《孝经》主要论述封建孝道，宣传宗法思想，汉代列为七经之一。《孝经》作为儒家伦理学经典，两千年来，上至帝王将相，下至平民百姓，广为诵习，影响深远。今天读《孝经》必须用全新的观点正确解读。《朱子家训》是明末清初著名学者朱柏庐编写的一本以家庭道德为主的启蒙教材，全书从治家的角度出发，提出要从家中的小事做起，养成节俭的习惯，成为一个知书达理、宽容向善的人。

为方便小读者自主阅读，图书标注了汉语拼音，并配有注释、讲解、经典故事、国学百宝箱。同时图书在每个章节中，精心设置了能够帮助小读者理解、巩固知识的"拓展训练"，内容举一反三，形式灵活多样，方便亲子阅读与互动。相信小读者阅读后，不仅会对国学经典产生浓厚的兴趣，更会收获到丰富的国学知识，为将来打下坚实的基础，做一个"腹有诗书气自华"的好少年。

内容提要

　　《孝经》是儒家重要的伦理学经典，全书以"孝"为中心，比较集中地阐述了儒家的伦理思想。《孝经》共十八章，作者根据不同人的身份差异规定了行"孝"的不同内容，最后还将道德规范和法律联系起来，提出借用法律的权威，维护社会道德秩序。《朱子家训》是明代朱柏庐编写的一本家庭道德启蒙教材，全书继承了传统文化的优秀特点，比如尊师重教、勤俭持家、与人为善等思想，在今天仍有借鉴之处。这本书将《孝经》和《朱子家训》合编在一起，全书原文和经典故事有注音，在原文之后有注释和译文，以及与原文相关的历史小故事，便于小朋友们识读、理解。本书语言浅显易懂，配图古朴典雅，图文结合完美，希望读者在读完本书后能对这两本国学经典有所了解，并养成优良的品德和生活习惯。

目录

孝经 ··· 001
开宗明义章第一 ································· 002
天子章第二 ·· 009
诸侯章第三 ·· 013
卿、大夫章第四 ································· 018
士章第五 ··· 025
庶人章第六 ·· 031
三才章第七 ·· 035
孝治章第八 ·· 044
圣治章第九 ·· 052
纪孝行章第十 ···································· 060
五刑章第十一 ···································· 066
广要道章第十二 ································· 069
广至德章第十三 ································· 075
广扬名章第十四 ································· 081
谏诤章第十五 ···································· 085
感应章第十六 ···································· 090
事君章第十七 ···································· 094
丧亲章第十八 ···································· 098
朱子家训 ··· 103

开宗明义①章第一

原文

仲尼居②，曾子侍③。子曰④："先王有至德要道⑤，以顺天下⑥，民用和睦⑦，上下无怨⑧。汝知之乎⑨？"曾子避席⑩曰："参不敏⑪，何足以知之？"

注释

①开宗明义：开宗，阐发宗旨；明义，说明意思。这里的意思是，一开始就阐述明白全书主要的思想和宗旨，即说明孝道的意思和含义。②仲尼居：仲尼，孔子的字；居，在家中闲坐。③曾子侍：曾子，即曾参，孔子的弟子；侍，侍坐，即陪着孔子闲坐。④子曰：子，指孔子；曰，说。⑤至德要道：至，极，最。最美好的品德和最精要的道德。⑥以顺天下：以，用；顺，顺从。这句是说用这种道德能使天下人心顺从。⑦和睦：和睦相处。⑧无怨：没有怨恨。⑨汝知之乎：汝，你；知，知道，了解。你知道为什么吗？⑩避席：古人席地而坐。避席，离开自己原来的座位，这是古代学生对老师、下级对上级表示尊重的一种礼节。⑪不敏：不聪明，古代谦辞。

译文

一天，孔子闲坐在家里，他的弟子曾参也陪坐在他的一旁。孔子说："古代的帝王有其至高无上的品行和最重要的道德，并用它来使天下人心归顺，人民和睦相处。人们无论是尊贵还是卑贱，上自天子，下至平民都没有一点儿怨恨、不满。你知道这是为什么吗？"曾子站起身来，离开自己的座位，毕恭毕敬地回答说："学生我不够聪明，怎么会知道呢？"

孝顺的孔子

孔子生活在距今两千多年前的春秋末期，当时诸侯割据，天下纷乱不宁。孔子的父亲早逝，他与母亲颜氏孤苦伶仃，相依为命。

孔子对母亲特别孝顺。孔子看到母亲没日没夜不停地织布，非常辛苦，他很想减轻母亲的负担。于是，他决定不让母亲织布，自己出去挣钱奉养母亲。当母亲得知孔子为了侍奉自己不再读书时，非常生气，她坚决不准孔子出去干活儿。孔子非常听母亲的话，他明白只有努力读书，成为一个有学问的人，才能让母亲高兴起来。所以，他便努力读书，没过多久，便将自己周围能借到的书都读完了。

之后，孔子安顿好母亲，又去城中有学问人

的家里干活儿,并借机向人借书阅读。孔子一边勤奋读书,一边注重提高自己的品格修养。年轻的孔子经过不断地学习,在鲁国渐渐小有名望。

后来,孔子广收门徒,大力宣扬仁爱孝道,很多年轻人从四面八方纷至沓来,向孔子求学。孔子的弟子数量最多时达到三千多。孔子注重言传身教,并根据学生的个人情况,给予方式不同的教育。孔子常说:"不学礼,无以立。"意思是说一个人要想立足社会,成为对社会有用的人,首先就要注重自己的品德修养,而孝顺父母则是一切德行的根本。

原文

子曰："夫孝，德之本①也，教之所由生也。复坐，吾语②汝。身体发肤，受之父母，不敢毁伤③，孝之始也。立身行道，扬名于后世，以显父母，孝之终也。夫孝，始于事亲④，中于事君，终于立身⑤。《大雅》⑥云：'无念尔祖，聿修厥德⑦。'"

注释

①德之本："孝"是一切道德的根本。②语：告诉。③毁伤：毁坏，损伤。④始于事亲：以侍奉父母为孝行的开始。⑤终于立身：以建功扬名、光宗耀祖为孝行的终点。⑥《大雅》：《诗经》的一个组成部分，主要是西周朝廷的音乐诗歌作品。⑦无念尔祖，聿修厥德：无念，能不追念；聿，循，述的意思。这句是说，你能不追念你祖父文王的德行吗？如果追念你祖父文王的德行，你就得先修持你自己的德行来继承他的德行。

译文

孔子说："这就是孝。它是一切德行的根本，也是教化产生的根源。你先回自己的座位坐下，我慢慢讲给你听。人的身体四肢、毛发皮肤，都是从父母那里得到的，不敢随意损毁伤残，这是孝的开始。人在世上要遵循

仁义道德，有所建树，在后世扬名，从而使父母也显赫荣耀，这是孝的最终目标。所谓孝，最初是从侍奉父母开始，之后是效力于国君，最终建功立业，功成名就。《诗经·大雅》篇中说过：'你能不追念你祖父文王的德行吗？如果追念你祖父文王的德行，你就得先修持你自己的德行来继承他的德行。'"

后稷教民稼穑

后稷名弃，是周的始祖，也是中国的农业鼻祖。后稷的出生具有传奇和神话色彩。相传，后稷的母亲姜嫄一天偶然踩到巨人的脚印，之后就怀孕生下了后稷。她把孩子丢到了小巷中，但是过往的牛马都回避而不踩踏。之后，她又想将孩子丢进结冰的水池里，只见一群飞鸟扑过来，用翅膀将孩子遮盖起来。姜嫄觉得神奇，便将孩子抱回家中抚养。因为当初打算将这孩子抛弃，所以她就给这个孩子取名为"弃"。

弃从小聪明过人，他喜欢的游戏也和别人不一样，别人喜欢在小溪边戏水、捉迷藏，而弃却喜欢用

dōng xi jiāng xiǎo yú yǎng qǐ lái yǒu shí hái huì bié chū xīn cái de jiāng yì xiē xiǎo
东西将小鱼养起来，有时还会别出心裁地将一些小
zhí wù yí dào zì jiā de yuàn zi li zhòng zhí zhǎng dà hòu tā duì gēng zuò nóng
植物移到自家的院子里种植。长大后，他对耕作农
shì hěn gǎn xìng qù xuǎn zhǒng xià zhǒng chú cǎo shī féi yǒu xuǎn zé de yù
事很感兴趣，选种、下种、锄草、施肥，有选择地育
chū wǔ gǔ jìn xíng bō zhòng
出五谷进行播种。

yáo dì zhī dào qì hòu jiù tuī jǔ tā dān rèn nóng shī fù zé nóng yè
尧帝知道弃后，就推举他担任农师（负责农业
shēng chǎn de guān yuán hào zhào mín zhòng dōu xiào fǎng qì chūn bō xià guǎn qiū
生产的官员），号召民众都效仿弃春播、夏管、秋
shōu dōng cáng xiào fǎng qì lì yòng lí lóu bà mò de gēng zhòng fāng fǎ jīng xīn
收、冬藏，效仿弃利用犁、耧、耙、耱的耕种方法，精心

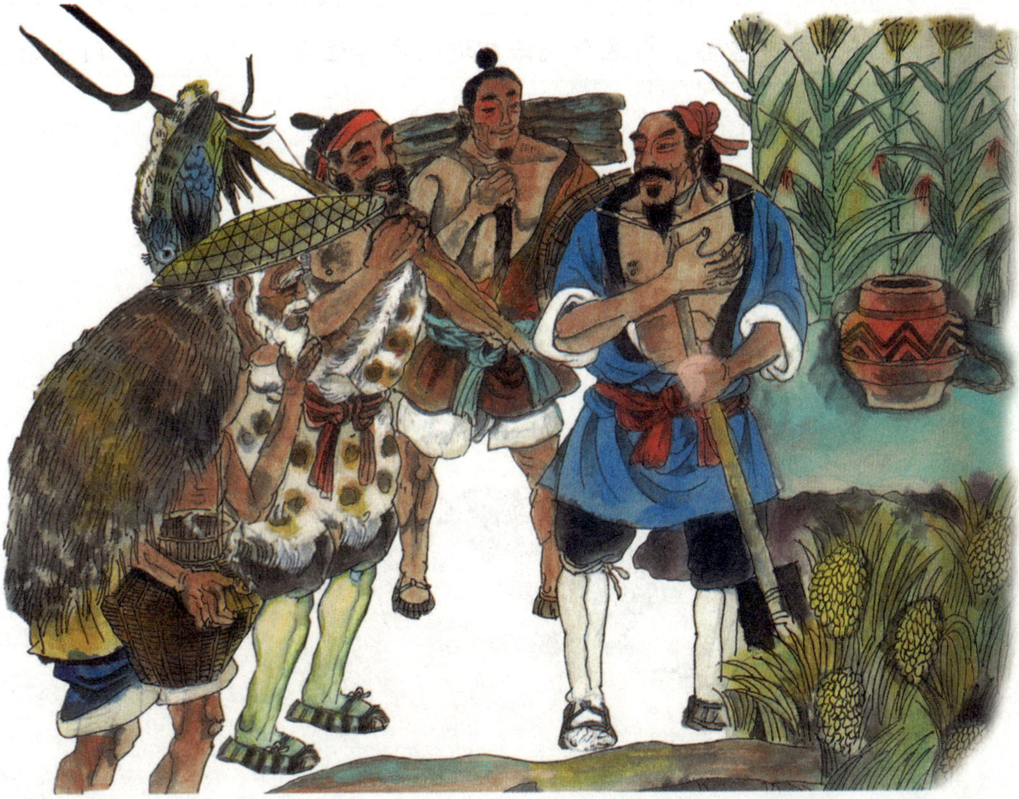

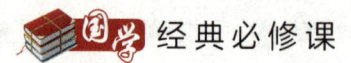

耕作，选取良种，终于使五谷丰收。从此，我国的农业进入新的纪元。

拓展训练

1. 《孝经》是儒家的"十三经"之一。"十三经"是儒家的十三部经书，分别是_____ _____《周礼》《仪礼》《礼记》_____ _____《公羊传》《谷梁传》_____《尔雅》《孝经》_____。

2. _____是我国最早的一部诗歌总集，共_____篇，分为_____、雅、_____三部分，其中_____是各地的民歌，共有_____篇；"雅"是朝廷的乐歌，分为大雅和小雅，共_____篇；_____是宗庙祭祀的歌曲，共40篇。

3. "开宗明义"这个成语出自_____，这个成语的意思是说话、写文章一开始就讲明主要意思。与这个成语相近的成语还有_____、开门见山、_____、_____等。

天子^①章第二

原文

子曰:"爱^②亲者,不敢恶^③于人;敬亲者,不敢慢于人^④。爱敬尽^⑤于事亲,而德教加^⑥于百姓,刑于四海^⑦。盖天子之孝也。《甫刑》云:'一人有庆^⑧,兆民赖^⑨之。'"

注释

①天子:古代将统治天下的君主称为天子,意思是君主是接受天命来治理天下的,是天帝的儿子。②爱:亲爱,敬爱。③恶:憎恶,讨厌。④慢于人:不敢轻易怠慢别人的父母。⑤尽:完、全,指全心全意。⑥加:施加,实施,推行。⑦刑于四海:作为天下的典范。刑,通"型",这里指模范、法则。四海,古代中国人认为中国是世界的中心,中国之外都是海洋,所以称四方为四海,即天下。⑧有庆:有美好的品德;庆,好的事情。⑨赖:依赖、依靠,这里指敬仰、学习。

译文

孔子说:"能够亲爱自己父母的人,就不要厌恶别人的父母。能够尊敬自己父母的人,也不要怠慢别人的父母。用亲爱恭敬的心情尽心尽力地侍奉父母,并让这种德行感化天下所有的黎民百姓,对天下的老百姓起到示

范作用，从而使天下百姓遵从效法，这就是天子的孝道呀！《尚书·甫刑》里说：'天子一人有善行，那么，普天之下数以万计的民众都会依赖他，学习他。'"

汉高祖孝父

汉高祖刘邦是一个大孝子。在楚汉相争时，实力稍弱的刘邦与兵强马壮的项羽展开了大战。当时，项羽抓住了刘邦的父亲刘太公，想以此要挟刘邦。

在两军阵前，项羽威胁刘邦说："刘邦，你赶紧退兵，要不然，我就把你的父亲扔进沸水锅里！"刘邦说："因为我们是结拜兄弟，我父亲也就是你父

孝经·朱子家训

亲，让我们共同承担这不孝的罪名。"听到要承担不孝的罪名，项羽被镇住了。最后，刘太公被项羽释放，又回到了刘邦的身边。

在击败项羽统一天下后，刘邦更加孝顺父亲。他登基后，每隔三五天就去看望父亲。在父亲面前，刘邦从不把自己当作九五之尊的皇帝，他就像一个平民家庭的儿子一样，尽心尽力地侍奉父亲，端茶盛饭都是亲力亲为，从不让仆人代劳。刘太公知道儿子是一国之君，每天都有重要的事处理，所以他就奉劝刘邦以国事为重，不要总是记挂着他。

刘邦虽然口头上答应，但依旧隔三差五地去侍奉父亲的起居饮食。一天，刘太公突然跪到刘邦面前，他对刘邦说："你是一国之君，应当有君主的威严，应当以国事为重，我虽然是你的父亲，但也是你的臣民呀！我希望你不要常来看我，而是将国家治理好。"刘邦大惊失色，但也无可奈何。

后来，刘邦将他的父亲奉为太上皇，在朝廷上仍行父子之礼；在私下里对父亲更是关怀备至，直至父亲离开人世。

拓展训练

1. 在古代文学史上，有许多父子并称的文学家，如东汉末年的_____和儿子_____、_____并称为"三曹"，宋代的_____和儿子_____、_____并称为"三苏"。

2. 读一读，记一记。

父兮生我，母兮鞠我，拊我畜我，长我育我，顾我复我，出入腹我。欲报之德，昊天罔极！（《诗经·小雅·蓼莪》）

父母之年，不可不知也。一则以喜，一则以惧。（《论语》）

老吾老，以及人之老；幼吾幼，以及人之幼。（《孟子》）

事其亲者，不择地而安之，孝之至也。（《庄子》）

诸侯①章第三

原文

在上不骄②,高而不危③;制节谨度④,满而不溢⑤。高而不危,所以长守贵⑥也。满而不溢,所以长守富⑦也。富贵不离其身,然后能保其社稷⑧,而和其民人⑨。盖诸侯之孝也。《诗》⑩云:"战战兢兢⑪,如临深渊,如履薄冰⑫。"

注释

❶诸侯:周朝实行分封制,周天子将天下分成许多大小不一的小国家,这些小国家的国君称为诸侯。❷在上不骄:诸侯是一个地方的统治者,地位仅次于天子,在万民之上。不骄,不自满,不骄傲,不骄横。❸高而不危:高,指诸侯位居国家显耀的位置;危,危险。这句紧接着上句,意思是说,诸侯居于万民之上,地位崇高,如果可以不自高自大,就不会有危险发生。❹制节谨度:制节,节俭;谨度,指行为举止谦逊谨慎并能合乎典章制度。❺满而不溢:国库充实但生活仍然应该节俭有度,不奢侈浪费。满,充满。这里指国库充实,钱粮很多;溢,外溢。这里指浪费。❻长守贵:长久地拥有尊

贵的地位。贵，指地位尊贵。❼长守富：长久地守住财富。富：指钱财多。❽社稷：这里指国家。❾和其民人：使人们和睦相处。和，动词，使和睦；民人，即人民，百姓。❿《诗》：即《诗经》。⓫战战兢兢：形容非常小心谨慎的样子。⓬如临深渊，如履薄冰：就好像身处在深潭的边上，脚踩在薄冰上，唯恐身陷其中。渊，深水，深潭；履，踏，踩。

译文

虽然身为诸侯，处在众人之上却不骄傲，那么尽管其位置再高也不会有倾覆的危险；如果凡事都俭省节约，谨守法度，府库经费充裕，也不会奢侈浪费，这样就能长久地守住财富。能够紧紧地把握住富与贵，然后才能保住自己的国家，使自己的人民和睦相处，这就是诸侯应尽的孝道。《诗经·小雅·小旻》中说："凡事一定要小心谨慎，就好比站在深潭的边缘，又像踩在薄冰面上，必须时刻小心，处处留意。"

孝顺的曾子

曾子，名参，字子舆，是孔子得意的学生之一，以孝著称。曾参是儒家学派的重要代表人物，他继承孔子的儒家思想，对思孟学派有重大影响。他也被后人称为"曾子"。相传《大学》为他所著。

曾子非常孝顺父母，他的孝行被世人传扬，他在父母在世时极力尽孝，在父母去世后仍对父母念念不忘。

孝经·朱子家训

一天,曾子的妻子买了两条鲜鱼回家,她知道曾子最喜欢吃生鱼,所以就精心调制了一大碗生鱼片,放好调料等待曾子回来吃。

曾子的两个儿子闻到了鱼的香味儿,就从院中跑进屋子,趴在桌子旁看着,不时地咽着口水。曾子的妻子看到后,就对他们说:"等你爹回来后一起吃。"

于是,两个孩子就坐在门口等着曾子赶快回家。没过多久,曾子从外面回来了,两个孩子赶忙

迎了上去。曾子听说有生鱼片吃，非常高兴，便叫两个孩子和自己坐在一块儿吃。妻子将一大碗调制好的生鱼片端了上来，曾子吃了一口后，突然"哇"的一声将嘴里的鱼片全部吐了出来。妻子大惊失色，赶忙问曾子是怎么回事？

曾子摇摇头，悲伤地说："这鱼太鲜美了，可是我的母亲生前却从未吃过一口，这鱼虽然好吃，可是只有我一个人品尝，真是大不孝啊！"说罢，曾子离开桌子。此后，他再不吃生鱼了。

拓展训练

1. 孔子生活的时代，贵族学生必须要掌握六种基本技艺，即"六艺"：礼、乐、射、御、书、数。"六艺"中，"礼"是指懂得礼节；"乐"是指乐曲；"射"是指＿＿＿＿＿＿；"御"是指＿＿＿＿＿＿；"书"是指识字、写字；"数"是指懂得算术。

2. 填出下面词语的反义词。

上——（　　）　　大——（　　）　　高——（　　）

长——（　　）　　贵——（　　）　　富——（　　）

薄——（　　）　　左——（　　）　　前——（　　）

3. 仿写成语。

"战战兢兢"，是形容人因非常害怕而微微发抖的样子，也用来形容人做

事非常谨慎小心。你还能写出一些和这个成语结构相同的成语吗?如:开开心心、干干净净、_____

_____

4. 读一读,记一记。

大 同
《礼记·礼运》

大道之行也,天下为公,选贤与能,讲信修睦。故人不独亲其亲,不独子其子,使老有所终,壮有所用,幼有所长,鳏(guān)、寡、孤、独、废疾者皆有所养,男有分,女有归。货恶其弃于地也,不必藏于己;力恶其不出于身也,不必为己。是故谋闭而不兴,盗窃乱贼而不作,故外户而不闭,是谓大同。

国学百宝箱

什么是社稷?

社在古代指土地之神;稷在古代指五谷之神,也就是农业之神。古代的君主为了祈求国家平安,五谷丰登,每年都要到郊外去祭祀土地神和五谷神。祭祀土地神和五谷神是古代国家非常重要的一项活动,因此"社稷"也就成了国家的象征,后来人们也就用"社稷"来代表国家。

卿、大夫❶章第四

原文

非先王之法服❷不敢服，非先王之法言❸不敢道，非先王之德行❹不敢行。

注释

❶卿、大夫：卿、大夫是王朝和诸侯国中的高级官员。卿又称"上大夫"，地位比大夫略高。❷法服：按照礼法制定的服装。古代服装的样式、颜色、花纹、材料等，都有严格规定，不同的等级和身份，都有不同的规定。❸法言：合乎礼法的言论。❹德行：合乎道德规范的行为。

译文

地位仅次于诸侯的大臣，在辅佐君主治理国家时，他们的服装、言论和行为都要合乎礼法。凡是不符合先代圣明君主所规定的礼法的服饰，就不要穿；凡是不符合先代圣明君主所制定的礼法的言论，就不要讲；凡是不符合先代圣明君主所规定的道德准则的行为，就不要去做。

简朴的季文子

季文子是春秋时期鲁国的相国。他生活简朴，从不讲究吃穿，他穿的衣服和家里仆人的衣服没有什么区别。有一次，有人去他家里办事，竟把他当

孝经·朱子家训

作仆人,问他季文子在哪里,他笑着说:"我就是季文子。"来人听后,迟疑地上下打量着季文子,他简直不敢相信眼前站着的这位衣着朴素的人就是鲁国的相国季文子。

季文子自己生活简朴,他也要求他的家人过简朴的生活,不准家人穿丝绸的衣服,不准用细粮喂马。大夫孟献子的儿子仲孙看到后,就劝季文子:"您贵为一国之相,过这样简朴的生活,未免太寒酸了吧!况且别国的人看了也会笑话您的,这样做也是有损我们国家的体面呀!"

季文子听后,严肃地说:"我们国家还有许多人正在受冻挨饿,

我怎能忍心不顾百姓的温饱，为自己置办家产，让家人穿丝绸，用细粮喂马呢？先祖告诉我们君子要以高洁的品行来为国家争取荣誉。如果沉溺于享乐，又怎能守护好国家呢？"仲孙听了季文子的话后，面红耳赤地低下了头。

鲁国的百姓听说后，都称赞季文子，并以季文子为榜样，形成节俭的良好风气，鲁国当时也因此变得民风淳朴。

是故非法不言❶，非道不行❷；口无择言，身无择行❸。言满天下无口过❹，行满天下无怨恶❺。三者备❻矣，然后能守其宗庙❼。盖卿、大夫之孝也。《诗》云："夙夜匪懈，以事一人❽。"

注释

❶非法不言：不符合礼法的话不能说，说话要遵守礼法。❷非道不行：不符合道德的事情不做，行为要遵守礼法。❸口无择言，身无择行：言行都合乎礼仪规定，用不着斟酌选择。❹口过：言语的过失。❺怨恶：怨恨，不满。❻三者备：三者，指法服、法言、德行。备，完备齐全。❼宗庙：古代祭祀祖先的屋舍。❽夙夜匪懈，以事一人：出自《诗经·大雅·烝民》篇，原诗是赞美周宣王的卿大夫从早到晚毫无懈怠，尽心竭力地为宣王尽忠效力。夙，早；匪，通"非"；懈，松懈，懈怠；一人，指周天子。

译文

因此，不说不合乎礼法的话，不做不合乎道德的事。坚持了这两条原则，开口说话就不必刻意考虑应当怎样去做。所讲的话即使天下皆知也不会觉得有不妥的地方；所做的事情即使传遍天下，也没有人会怨恨他。服饰、言论和德行这三方面都能做到遵循先代圣明君主的礼法准则，那么就可保住自己的官位爵禄，保证祖宗的香火得到延续兴盛，这大概就是卿大夫们所说的孝道吧！《诗经·大雅·烝民》中说："为人臣子的，从早到晚都要尽心尽力地侍奉天子！"

仁德的周文王

周文王,姓姬,名昌,是商朝末年西方周部落的首领,周朝的建立者周武王的父亲。

周文王以仁德为本,宽厚待人。虽然贵为诸侯,但他始终保持着质朴谦逊的美德,因此获得了人们的衷心拥戴。在行孝方面,周文王更是世人的楷模。

周文王的母亲在世时,他会每天三次前去问候母亲,看母亲睡眠好不好,吃得香不香。如果母亲气色很好,吃东西也很正常,周文王就会很高兴;如果母亲身体不舒服,吃不下东西,周文王就会寝食不安。如果母亲只吃半碗饭,文王也就只吃半碗饭。母亲卧病在床的时候,周文王的心情就会很低落,六神无主,茶饭不思,连走路都走不稳,总是摇摇晃晃的。等到母亲的身体好转,饭量也正常了,周文王才逐渐恢复正常。

孝经·朱子家训

周文王的儿子周武王继承父亲的孝道,他对待父亲也很孝顺。有一次,周文王卧病在床,周武王一连十几天都没有休息,夜以继日地在床边尽心尽力地服侍周文王,他熬好汤药后,先自己尝一下,感觉不烫时再喂给周文王。周文王死后,周武王继承父亲的遗志,推翻了暴虐的商纣王,建立了周王朝。周王朝持续了近八百年,是中国历史上持续时间最长的王朝。周文王以仁德孝道教化百姓,他的高尚品德一直被后世所敬仰称颂。后来,儒家学派将周文王归入圣人的行列,成为后世帝王学习的典范。

拓展训练

1. 人们常用"三皇五帝"来称呼远古时期的几位贤明的帝王，下面哪一位帝王属于远古"三皇"中的人物？（　　）

    A. 伏羲　　B. 唐明皇　　C. 秦始皇　　D. 唐太宗

2. 在中国古代神话传说中，是哪一位神话人物有"炼石补天"的壮举？（　　）

    A. 盘古　　B. 共工　　C. 后羿　　D. 女娲

3. 现在，我们知道刮风下雨是一种自然现象，但是在古代，人们却认为是天上的神仙掌管着下雨，这位神仙是（　　）。

    A. 雷公　　B. 电母　　C. 龙王　　D. 风伯

4. 读一读，记一记。

短歌行
[汉] 曹操

对酒当歌，人生几何！譬如朝露，去日苦多。
慨当以慷，忧思难忘。何以解忧？唯有杜康。
青青子衿，悠悠我心。但为君故，沉吟至今。
呦呦鹿鸣，食野之苹。我有嘉宾，鼓瑟吹笙。
明明如月，何时可掇？忧从中来，不可断绝。
越陌度阡，枉用相存。契阔谈䜩，心念旧恩。
月明星稀，乌鹊南飞。绕树三匝，何枝可依？
山不厌高，海不厌深。周公吐哺，天下归心。

士¹章第五

原文

资²于事父以事母，而爱同；资于事父以事君，而敬同。故母取其爱，而君取其敬，兼之者父也。

注释

❶士：指地位低级的官员，地位在大夫之下，庶人之上。❷资：拿，用。

译文

士人的孝道包括"爱"和"敬爱"。他们用侍奉父亲的心情去侍奉母亲，所用的爱心是一样的；同样，他们用敬爱父亲的感情去侍奉君主，所用的崇敬之心是一样的。所以，侍奉母亲用爱心，侍奉君主主要用崇敬之心，而侍奉父亲就要爱、敬两种感情兼而有之。

魏绛劝谏

春秋时期，各诸侯国间纷争不断，常有战乱。当时郑国和晋国是国君同姓的兄弟国家，但由于楚国不断出兵攻打，使得郑国无力抵抗，只得背弃与晋国的盟约，屈从于楚国。晋悼公知道后，非常恼怒，决定联合宋、卫、齐、曹等十二个诸侯国讨伐郑国，以示惩戒。

得知大兵压境后，郑国的国君郑简公非常恐慌。为了表示谢罪，郑简公派王子伯骈带着大批财物，去诸侯联军中请罪求和。晋悼公看着琳琅满目的财物，心情大悦，怒气全消，同意和郑国讲和。为了表示谢意，郑国又额外给晋悼公许多礼物。

收到礼物后，晋悼公非常高兴。这时，晋悼公想起为国事奔走的大臣魏绛，就决定将郑国送来

孝经·朱子家训

的礼物分出一半，赏赐给魏绛。没想到，魏绛竟然拒绝了赏赐。魏绛谦逊地说："晋国现在虽然很强大，但是我们不能因此就疏忽大意，人在安全的时候，不要一味贪图享乐，一定要居安思危。这样，国家才能长久兴旺发达！"晋悼公认为魏绛的话很有道理，就采纳了他的意见，此后处事更加小心谨慎了。

原文

故以孝事君则忠，以敬事长则顺。忠顺不失，以事其上，然后能保其禄位❶，而守其祭祀。盖士之孝也。《诗》云："夙兴夜寐❷，无忝尔所生❸。"

注释

❶禄位：官位。禄，俸禄；位，官位。❷夙兴夜寐：早起晚睡，形容非常勤劳。夙，早上；兴，起；寐，睡觉。❸无忝尔所生：无，通"勿"，不要；忝，侮辱，羞辱；尔，你；尔所生，生养你的人，即父母。

译文

所以用孝道去侍奉君主则能看到他的忠心；用崇敬之情侍奉长辈，则能看到他的顺从之心。对上级既能忠心耿耿，又能恭敬顺从，就能保住自己的爵位和俸禄，并能维护对祖先的祭祀。这大概就是士人的孝道吧！《诗经·小雅·小宛》中说："要早起晚睡，努力做好自己的事，这样才不愧对父母的养育之恩。"

吴王孝亲

李元轨是唐高祖李渊的第十四个儿子，是唐太宗李世民的兄弟。李元轨少年时多才多艺，对李渊非常孝顺，李渊也非常器重他，在唐朝建立后，他被李渊封为吴王。

李世民登基后，李元轨被调往寿州担任寿州刺史。得知李渊病逝，李元轨急忙连夜启程，赶回长安奔丧，由于哀伤过度，再加上连日的马上奔驰，李元轨消瘦了许多，整个人变得憔悴不堪。此后，李元轨一日三餐很少吃肉，平日总是穿着粗布做的衣服，以此表示对父亲李渊的哀悼之情。

有一次，唐太宗问身边的大臣，说："我的兄弟子侄中,哪一位最贤明?"这时,一向直言敢谏的魏徵回答说:"我愚昧无知,对他们没有办法全部了解,但我与吴王有过几次谈话,通过与他交谈,我发现他的贤能让人难以忘怀。"

唐太宗听后,默默点头,又问道:"你认为他能与哪一位古人相比?"魏徵说:"如果单就做学问和写文章而论,吴王可以与汉代的河间献王刘德、东平献王刘苍相比;至于孝顺的德行,他是可以与古代圣贤曾参、闵损相提并论的!"

唐太宗听后连连点头,之后他更加器重吴王李元轨。后来,唐太宗还让吴王李元轨娶了魏徵的女儿为妻。

拓展训练

1. "玄武门之变"和下面哪位皇帝有关?(　　)

　　A. 女皇武则天　B. 唐太宗李世民　C. 唐高宗李治　D. 宋太祖赵匡胤

2. 唐太宗李世民是一位虚怀若谷,善于纳谏的明君,他说:"以铜为镜,可以正衣冠;以古为镜,可以知兴衰;以人为镜,可以明得失。"在一位大臣去世后,李世民非常伤心地说:"我失去了一面镜子啊!"这位被李世民当作镜子的大臣是(　　)。

A. 房玄龄　　B. 杜如晦　　C. 魏徵　　D. 狄仁杰

3. 在我国历史上，曾经出现过许多国泰民安的封建盛世，下面哪一个盛世与唐太宗有关？（　　）

A. 文景之治　B. 贞观之治　C. 开元盛世　D. 康乾盛世

4. 下面哪些诗人是唐代的著名诗人？（　　）

A. 李白　　B. 苏轼　　C. 杜甫　　D. 辛弃疾

5. 读一读，背一背。

春江花月夜(节选)
[唐] 张若虚

春江潮水连海平，海上明月共潮生。滟滟随波千万里，何处春江无月明！江流宛转绕芳甸，月照花林皆似霰；空里流霜不觉飞，汀上白沙看不见。江天一色无纤尘，皎皎空中孤月轮。江畔何人初见月？江月何年初照人？人生代代无穷已，江月年年望相似。不知江月待何人，但见长江送流水。白云一片去悠悠，青枫浦上不胜愁。

国学百宝箱

"三教九流"指什么？

中国古代对人的地位和职业名称有严格的等级划分。"三教九流"就泛指古代社会上各种行业、各色人物；有时也泛指古代中国的宗教和各种学术流派。"三教"是指儒教、佛教、道教；"九流"是指儒家、道家、阴阳家、法家、名家、墨家、纵横家、杂家、农家。

庶人①章第六

原文

用天之道②，分地之利③，谨身节用，以养④父母。此庶人之孝也。故自天子至于庶人，孝无终始，而患⑤不及⑥者，未之有也⑦。

注释

①庶人：普通老百姓。②用天之道：用，善于运用；天之道，即自然规律。③分地之利：分，分辨，辨别；地之利，指土壤的种植特点。④养：赡养，供养。⑤患：担心。⑥不及：做不到。⑦未之有也：从没有过。

译文

普通百姓的孝道，是善于利用天时，按照季节变化耕耘、收获；善于利用地利，根据土地高低、优劣种植庄稼。另外，普通百姓还要做到行为谨慎，节省开支，尽心尽力地孝敬父母以报答父母的养育之恩，这就是普通百姓的孝道！所以，上至天子，下到普通百姓，都要尽自己的孝道，这是做人的本分。孝道的内容博大精深，没有开始也没有终结，如果有人担心自己做不到孝，那是绝对没有的事情！

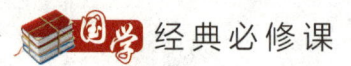

司马芝临危护母

东汉末年,天下大乱,战事频发,民不聊生。少年司马芝跟着母亲与乡亲们一同背井离乡,往不打仗的地方逃亡。

有一次,逃生的队伍正在走着,突然从林中蹿出一伙强盗,拦住了司马芝和乡亲们。同行的年轻人一看是强盗,个个都吓得魂飞魄散,有的人丢下自己的父母妻儿,撒腿就跑。转眼间,逃难的队伍中几乎只剩下一群妇孺弱小,但司马芝没有逃,他放下独轮车,寸步不离地守护着母亲。

三五个凶神恶煞般的强盗,气势汹汹地将司马芝和他的母亲围住。一个满脸胡须的强盗从腰间亮出一把明晃晃的匕首,走到司马芝面前,扬言要杀死司马芝。司马芝紧紧抱着母亲说道:"我不怕死,可是我的母亲年事已高,由于连日奔波,现在身体也比较虚弱,如果你们将我杀

了,那就没有人照顾我母亲了!你们杀了我一个人,就等于杀了两个人哪!"

一个满脸胡须的强盗见这个弱不禁风的少年竟然说出这样一番话来,非常震惊,他感叹道:"这是一个大孝子啊,我们抢人财物已经不义,若再杀了一个侍奉母亲的孝子,那就更加天理难容了!"于是,强盗不仅没有杀死司马芝,而且赠给他一些银两,让他好好侍奉母亲。

几年后,司马芝因为品学兼优而受到曹操的赏识,曹操任命他做魏国的大官。司马芝做官后,不

仅更加孝顺母亲，还在自己管辖的地方推行孝道，百姓们都非常拥戴他，使得他管辖的地方得到了很好的治理。

拓展训练

1. 我国古代社会出现了许多有名的皇帝，第一个自称皇帝的帝王是（　　）。
   A. 秦始皇　　B. 周文王　　C. 汉高祖　　D. 汉武帝

2. "天时不如地利，地利不如人和"，这是古代哪一位思想家的名言？（　　）
   A. 孔子　　B. 老子　　C. 孟子　　D. 韩非子

3. 下面哪一部作品不是儒家经典？（　　）
   A.《论语》　B.《孟子》　C.《圣经》　D.《大学》　E.《孝经》

4. 读一读，背一背。

五亩之宅，树之以桑，五十者可以衣帛矣。鸡豚狗彘之畜，无失其时，七十者可以食肉矣。百亩之田，勿夺其时，数口之家可以无饥矣；谨庠序之教，申之以孝悌之义，颁白者不负戴于道路矣。(《孟子·梁惠王上》)

三才章第七

原文

曾子曰："甚哉❶,孝之大也！"子曰："夫孝,天之经❷也,地之义❸也,民之行❹也。

注释

❶甚哉：甚,很、非常；哉,语气词,表示感叹,相当于"啊"。❷天之经：这里指永恒不变的规律。❸地之义：世间的正义、真理。❹行：品行、行为。

译文

曾子不由得赞叹道："孝道是如此的博大高深啊！"

孔子（听曾子这样赞叹,知道他对孝道已经有所领悟,于是进一步）说："孝道,犹如天上日月星辰的运行,地上万物的自然生长,是永恒不变的规律和法则,是最根本、最为重要的道德品行。"

经典故事

治大国若烹小鲜

伊尹是商代著名的贤相。相传,伊尹是一个非常聪明且很有心计的人,他的家庭祖祖辈辈都是奴隶，但伊尹从很小的时候就肯动脑筋，并善于学习。后来，商汤与有莘氏通婚，伊尹作为有莘氏的陪嫁，成为商汤的厨师。

商汤是一个贤德的君主，但他一开始并没有发现伊尹的才能。伊尹为了引起商汤的注意，有时将饭菜做得特别好吃，有时又把饭菜做得特别难吃，商汤觉得很奇怪，就把伊尹叫来问话。

伊尹借商汤询问饭菜的事，开始陈述自己的政治观点，伊尹说："菜太咸或太淡都不好吃，一定要掌握好分寸。治国如同做菜，既不能急于求成，也不能松弛懈怠，只有张弛有度才能将国家治理好。"商汤听后，很受启发。他认为伊尹是一个人才，马上下令解除他的奴隶身份，之后又任命他为丞相。伊尹

孝经·朱子家训

为报答商汤的知遇之恩，帮助商汤推翻了夏桀的残暴统治，建立了商朝。

原文

"天地之经，而民是则①之。则天之明，因②地之利，以顺天下。是以其教不肃而成，其政不严而治③。

注释

①则：动词，效法。②因：凭借。③治：指国家的太平盛世。

译文

天和地都是按照一定的规律在运行，人们从中领悟到施行孝道，就像天空中日月星辰的运行一样，具有永恒不变的规律；充分利用大地的自然优势，因势利导地治理国家，这样才会畅通无阻，顺应天下人的心意。因此，教化百姓不必用严刑峻法也能顺利进行，治理国家不必采用苛政就能使天下太平。

经典故事

天时地利人和

《三字经》中有"三才者，天地人"这样的句子。古人将"天、地、人"统称为"三才"，它们分别指

037

的是自然界（天）中的雷、电、风、雨，大地的山川河流、花草树木、鸟兽鱼虫，以及作为万物之灵的人类。

关于天、地、人，古人有不同的解释。在战国时期，荀子在《荀子·王霸》中提出："农夫朴力而寡能，则上不失天时，下不失地利，中得人和而百事不废。"这句话译成现代文就是："让农民质朴地尽力耕作，但不要太疲于奔命，这样就不会错过农时，也不会耽误了肥沃的土壤。所有做事的人都这样专心地尽职尽责，那么所有的事情都不会荒废。"荀子

孝经·朱子家训

从农业生产的角度论述了天时、地利、人和三者之间的关系，认为农民如果按照农时安排耕作、因地制宜地种植，并加以科学地分工，就能使农事顺畅，丰衣足食。

战国时期的孟子在《孟子·公孙丑下》中提出："天时不如地利，地利不如人和。"孟子主要从军事方面来论述天时、地利、人和之间的关系，他认为有利的时机和气候不如有利的地势，有利的地势不如人的齐心协力。

原文

"先王见教之可以化民❶也，是故先之以博爱，而民莫遗其亲；陈之以德义，而民兴行；先之以敬让，而民不争；导之以礼乐，而民和睦；示之以好恶，而民知禁❷。《诗》云：'赫赫❸师尹，民具尔瞻。'"

注释

❶化民：感化民众。❷禁：禁止，禁令。❸赫赫：显赫，有威严，形容声名远播。

译文

"从前贤明的君主正是领悟了利用天地之道可以感化人们的道理，所以以身作则，倡导博爱，做博爱的事情，在这样的感化之下，普通百姓也会仿效他们的博爱精神，所以不会遗弃自己的父母。君主向人们宣扬道德和教义，人们懂得之后就去效仿，因此普遍盛行道德高尚的风气。"

"君主率先奉行恭敬和谦让的态度，于是人们也效仿他谦让的态度，不再发生争斗。君主用礼仪感化人们，用音乐引导人们，这样人们就能和睦相处。君主告诉人们什么是可以做的、值得倡导的行为；什么是不可以做的、应该制止的行为。这样，人们就能明辨是非，自然就不去做违反禁令和法规的事情了。《诗经·小雅·节南山》中说：'周朝威严且地位显赫的太师尹氏，人们都在仰望着你。'"

包拯结庐奉亲

北宋名臣包拯，因为官清廉、执法公正，被人尊称为"包青天""包公"，至今，在民间仍流传着许多关于包拯为民伸冤的故事。包拯不仅是一位大清官，也是一个闻名朝野的大孝子。

包拯读书勤奋，在二十多岁时就考中进士，并被朝廷授予官职。但就在包拯准备赴任时，包拯的父亲和母亲却突然生病,卧床不起,看着躺在床上的父母,包拯心急如焚,茶饭不思,他四处求医问药为父母治病,眼看赴任的日期就要到了,但父母的病情依旧没有好转。深思熟虑之后,包拯决定暂不赴任,他向朝廷奏明自己的苦衷,希望能延迟赴任,以便能侍奉父母。包拯的孝心感动了他的上司,上司同意他留在家里照顾父母。

这之后,包拯除了每天去请大夫外,一直待在父母左右,为父母熬药做饭,跑前跑后,衣服都顾不得换洗,直到父母身体逐渐康复后,他才换下自己的脏衣服,准备赴任。离开家后,包拯心里一直惦念着父母。后来,他恳请朝廷将自己调往离家乡较近的地方任职,以便可以探视父母,在多次恳请下,包拯被调往离家不远的地方任职。

后来,包拯的父母去世了,包拯非常痛苦,他在父母的坟前搭建了一座小房子守孝,即使丧期已满,他还是久久地徘徊在父母坟前,不肯离去。最后,

经过乡亲们的一番劝说,他才离开家乡,奔赴外地任职。

拓展训练

1. 在历史上,有许多为民请命、明察秋毫的清官廉吏被后人缅怀赞扬,除了"包青天"包拯之外,你还能说出几位断案如神的清官吗?

_____
_____
_____
_____

2. "包青天"的故事,在影视文学中被不断地演绎,传说包拯在开封府有几口锋利的铡刀,专铡贪赃枉法之徒,下面哪一项不属于包拯惩治犯人所用的铡刀?( )

A. 狗头铡　　B. 虎头铡　　C. 凤头铡　　D. 龙头铡

3. "文章西汉两司马,经济南阳一卧龙",这两句是河南南阳卧龙岗诸葛草庐中的题诗,这里的"两司马"是指史学家司马迁和文学家司马相如,那"南阳一卧龙"是指( )。

A. 诸葛亮　　B. 卧龙生　　C. 张衡　　D. 韩愈　　E. 姜子牙

4. 读一读,背一背。

水调歌头
[宋] 苏轼

丙辰中秋后,欢饮达旦,大醉,作此篇,兼怀子由。

明月几时有?把酒问青天。不知天上宫阙,今夕是何年。我欲乘风归去,又恐琼楼玉宇,高处不胜寒。起舞弄清影,何似在人间。

转朱阁,低绮户,照无眠。不应有恨,何事长向别时圆?人有悲欢离合,月有阴晴圆缺,此事古难全。但愿人长久,千里共婵娟。

孝治章第八

原文

子曰:"昔者明王之以孝治天下也,不敢遗小国之臣,而况于公、侯、伯、子、男乎?故得万国之欢心,以事其先王。治国者,不敢侮于鳏寡,而况于士民乎?故得百姓之欢心,以事其先君。治家者,不敢失于臣妾,而况于妻子乎?故得人之欢心,以事其亲。

注释

❶孝治:以孝道治理天下。❷遗:遗弃,遗漏。❸公、侯、伯、子、男:周朝分封诸侯的五个爵位。❹欢心:满意,认同。❺侮于鳏寡:侮,轻视、怠慢;鳏,死了妻子的男子;寡,死了丈夫的女子。

孝经·朱子家训

译文

孔子说："从前，圣明的君王用孝道治理天下，他们对小国家的使臣都不会轻视，而对有公、侯、伯、子、男爵位的诸侯，就更不会疏忽、怠慢了！所以各诸侯国都心悦诚服，甘心听命，纷纷来祭祀君主的列祖列宗，以此来表示对君主的拥戴。治理一个封国的诸侯，即使对失去妻子的男人和丧夫守寡的女人也不敢欺侮，更何况对他属下的臣民百姓呢？所以会得到百姓的欢心，使他们帮助诸侯祭祀祖先。治理自己卿邑的卿大夫们对仆役奴婢都能以礼相待，更何况对其妻子、儿女呢？所以卿大夫这样的治家方式会得到全家上下的欢心。大家和睦相处，家庭自然就会出现一团和气的景象，大家也会仿效卿大夫们的做法，尽心尽力侍候自己的父母。

岳飞教子

岳飞是南宋抗金名将。岳飞有五个儿子，他对儿子要求异常严格，他要求儿子从小养成朴素的生活习惯，不要攀比，要穿粗布衣服，吃普通饭菜，不准饮酒。岳飞经常告诫儿子，粮食来之不易，所以要特别珍惜。岳飞让儿子在军队中接受锻炼，掌握杀敌本领。他对儿子和士兵一视同仁，并不因为是自己的儿子而格外偏爱。

岳云是岳飞的长子，在军队中，岳飞从来不给儿子特殊照顾,相反,他对岳云的要求比一般士兵更加严格。有一次,金兵统帅完颜宗弼率兵围困岳家军的驻地郾城,形势异常危险。岳飞觉得这正是锻炼儿子军事能力的机会,所以他命令岳云带兵率先冲入敌阵。出发前,岳飞对儿子说:"你必须大胜而回,如果不胜,军法处置!"

岳云不辱父望,英勇杀敌,在与敌人鏖战几十回合之后,终于以少胜多,解了郾城之围。岳飞治

军，赏罚分明，但是对儿子却有功不赏，有过重罚。正是这种严于教子的做法，才使得他的儿子个个骁勇善战，最终青史留名。

原文

"夫①然，故生则亲安之②，祭则鬼享之③，是以天下和平，灾害不生，祸乱不作④。故明王之以孝治天下也如此。《诗》云：'有觉⑤德行，四国顺⑥之。'"

注释

①夫：发语词，没有实际意义。②安之：安定地生活。③享之：享受祭奠。④作：兴、起、发生的意思。⑤觉：大。⑥顺：归顺。

译文

"正因为这样，父母在世的时候，孝子会让他们过上安乐祥和的生活；当父母去世时，他们的灵魂也能得到孝子贤孙的祭奠。正因为这样，天下才会到处充满和平的景象，很少发生自然灾害，更不会出现动乱、反叛等祸患。所以，圣明的君主以孝道治理天下是多么的高明啊！《诗经·小雅·节南山》中说：'作为一国之君，有这样伟大的德行，那么周边的众多小国都会被感化而对他心悦诚服，就会真心地顺从他了。'"

颍考叔纯孝感君

颍考叔是春秋时期郑国人,他为人公正无私,对母亲非常孝顺。颍考叔出门遇到什么好吃的东西,自己先不吃,一定是带回家让母亲先吃;家里有什么好吃的东西,也一定是让母亲先吃。

当时,郑国的国君是刚刚继位的郑庄公。郑庄公的母亲姜氏一直偏爱郑庄公的弟弟共叔段,在郑庄公继位后,多次向郑庄公提出无理要求去满足共叔段。后来,她又和共叔段密谋造反,意图推翻郑庄公,让共叔段继位;结果,这一阴谋被郑庄公发觉,郑庄公迅速平定了叛乱,将弟弟共叔段流放至外地,将母亲放逐到颍城,并痛心地发下重誓:"我和母亲不到黄泉,永不相见!"此时,颍考叔是颍城的官员,他知道这件事后,就决定想让姜氏母子重归于好。

一天,郑庄公宴请颍考叔。当仆人将一碗香

孝经·朱子家训

喷喷的鸭肉摆在桌子上时,颍考叔竟半天不动筷子。郑庄公问他为什么不吃,颍考叔哀伤地说:"这么好吃的东西,让我想起了家中的老母亲,她一定从未吃过这么好吃的肉;因此,我不敢吃母亲未吃过的东西,希望国君将这肉赏给我的母亲吃。"

郑庄公听后,显得非常难过。颍考叔就询问原因,郑庄公将母亲和弟弟造反的事说了一遍,并说出"不到黄泉,永不相见"的誓言。

颍考叔想了一会儿,微笑着说:"和母亲相见这事也简单,只要派人挖一条地道,您和母亲就能在地道中相见了,这也并不违背您的誓言!"

郑庄公听后非常高兴,立即派人照办。

地道挖好后,母子二人就在地道中相见,郑庄公和母亲相拥而泣,终于和好如初。

颍考叔自己行孝,还以孝行感动国君,把孝行推及国君,做到了"大孝";后人因此称他为"纯孝"。

拓展训练

1. 在我国古代,爵位分为_____、_____、_____、_____、_____五等。

2. "颍考叔纯孝感君"的故事出自《左传》。《左传》也称《左氏春秋传》,是一部注释史书《春秋》的史书,它和_____、_____两部史书,并称为"春秋三传"。

3. 在"二十四史"中，_____ _____《后汉书》和_____这四部史书被称为"前四史"。

4. 司马迁所著的（　　　　）是我国第一部纪传体通史，记载了从传说中的黄帝到汉武帝时期，长达三千多年时间的历史。

　　A.《三国志》　　B.《汉书》　　C.《史记》　　D.《资治通鉴》

5. 在杭州西湖湖畔有一副著名的对联："青山有幸埋忠骨，白铁无辜铸佞臣"。这里的"忠骨"是指（　　），"佞臣"是指（　　）。

　　A. 岳飞　　　B. 韩世忠　　　C. 秦桧　　　D. 贾似道

6. 读一读，背一背。

满江红·写怀
[南宋] 岳飞

怒发冲冠，凭栏处，潇潇雨歇。抬望眼，仰天长啸，壮怀激烈。三十功名尘与土，八千里路云和月。莫等闲、白了少年头，空悲切。

靖康耻，犹未雪。臣子恨，何时灭？驾长车，踏破贺兰山缺。壮志饥餐胡虏肉，笑谈渴饮匈奴血。待从头，收拾旧山河，朝天阙。

国学百宝箱

什么是"春秋笔法"？

　　春秋，指的春秋时，孔子编写的鲁国史书《春秋》；笔法，指写文章的技巧。春秋笔法，又称微言大义，是指在行文中虽然不直接对人物和事件表达看法，但却通过细节描写、修辞手法（如词语的选择）和材料的选取，委婉而微妙地表达出作者的态度。孔子在编写《春秋》时，首次采用这种写作技巧，所以后世就将这种暗含褒贬的行文手法称为"春秋笔法"。

圣治①章第九

原文

曾子曰:"敢问②圣人之德,无以加③于孝乎?"子曰:"天地之性④,人为贵。人之行,莫大于孝。孝莫大于严父,严父莫大于配天,则周公其人也。昔者,周公郊祀⑤后稷以配天,宗祀文王于明堂,以配上帝。是以四海之内,各以其职来祭。夫圣人之德,又何以加于孝乎?

注释

①圣治:圣人治理天下。②敢问:冒昧、冒失地问,表示谦虚恭敬的态度。③加:更加,这里指更加重要的东西。④性:灵性,这里指世间万物。⑤郊祀:古代祭祀天地在郊外,所以称为"郊祀"。

译文

曾子说:"我很冒昧地问一句,在圣人的德行中,就没有比孝道更重要的东西吗?"孔子说:"天地万物,人最尊贵。人的行为,没有比孝道更重要的了;在孝道之中,没有比竭心尽力地侍奉父亲更重要的了。孝敬父亲,没有比将父亲和上天一同崇敬的更为重大了,而周公却做到了这一点。当初,周公在郊外祭天的时候,就将周始祖后稷一同祭拜,在庙堂进行祖宗祭祀的时候,又将他的父亲周文王和先祖一同祭拜。因此,当时的人都效仿周公,按照自己的身份地位来进行祭祀。所以圣人的德行,还有什么比孝更重要的呢?

原文

"故亲生之膝下❶,以养父母日严❷。圣人因❸严以教敬,因亲以教爱。圣人之教,不肃而成,其政不严而治,其所因者本也。父子之道❹,天性也,君臣之义也。父母生之,续❺莫大焉。君亲临之,厚❻莫重焉。

注释

❶膝下:在父母身边,这里指孩提时代。❷日严:指一天比一天更懂得孝顺父母。❸因:根据。❹道:关系。❺续:指繁衍、延续后代。❻厚:厚重。

译文

"子女对父母亲的敬爱之心,在幼年傍依在父母膝下的时候就已经产生了,等到长大成人,这种孝敬之心就会更加积极、真切。圣人根据人们对父母的恭敬之心,来教化人们如何去尊敬他人,又根据人们对父母的爱人之心教化人们如何爱人。圣人的这种教导,无须十分严肃的推行方式就达到了效果,圣人施政不用严厉的手段就实现了太平盛世,是因为他们循的是孝道这一自然的根本天性。父爱子、子敬父这种关系,一方面,是出于人的天性;另一方面,这种以父亲为主、子女为辅的关系也体现了君主与臣子的关系。父母生儿养女,一代传一代,人类得以繁衍,人伦中没有比这更伟大的了。君王爱护他的臣民,用德行感化天下,使民众和睦,社会安定,没有什么情感比这更为重要的了。

原文

"故不爱其亲而爱他人者,谓之悖❶德;不敬其亲而敬他人者,谓之悖礼。以

孝经·朱子家训

顺则逆，民无则焉。不在于善②，而皆在于凶德③，虽得之，君子不贵④也。君子则不然，言思可道，行思可乐，德义可尊，作事可法，容止⑤可观，进退可度⑥，以临⑦其民。是以其民畏而爱之，则而象⑧之。故能成其德教，而行其政令。《诗》云：'淑人⑨君子，其仪⑩不忒⑪。'"

注释

❶悖：违背。❷善：善事，敬爱父母的事。❸凶德：丑恶的德行。❹不贵：不认为贵重。❺容止：容貌和举止。❻度：法度。❼临：统治。❽象：模仿，效仿。❾淑人：温和、有德行的人。❿仪：仪表、仪容。⓫忒：差错。

译文

"所以说，不爱自己的父母而爱他人的做法，叫违背道德；不敬重自己的父母而敬重别人的做法，叫违背礼节。不顺应、遵从这种道德而逆向行事，人们就没有了效仿的标准。不行善事，而专门做违背道德礼节的事，即使一时得志，终究也会被君子轻视、看不起。君子的行为却不是这样，他们要说的话都可以让人称道，想做的事都可以让人高兴，他们的道德让人们敬重，做的事情能成为人们效法的标准，其装束举止都具有示范的作

用，一进一退、举手投足都讲究尺度和礼数，成为人们效法的模范。民众都敬畏他、爱戴他，进而学习模仿他。因此他从事的德教能够得以实施，提出的政令也能顺利推行。《诗经》中讲：'温和善良的君子，他们的威严和礼节是不会有错的。'"

周公制礼作乐

周公是西周时期著名的政治家、军事家和思想家，被后世奉为贤相的楷模。西周建立后，周公被派往洛阳摄政，为巩固周王朝的统治，加强对全国诸侯的控制，周公在政治和文化方面制定了一套完整的典章制度，史称周公"制礼作乐"，这些典章制度对后世影响深远。

"制礼作乐"就是对"礼"（祭祀中的各种仪式）和"乐"（伴随祭祀仪式所进行的乐曲、歌舞）做出具体的规定。周代的礼乐制度，等级森严，规定严格，不同场合、不同身份的人，听什么级别的音乐，用什么乐器，都有严格规定；不同的祭祀场合，必须演奏规定的音乐，绝不能有半分差错。

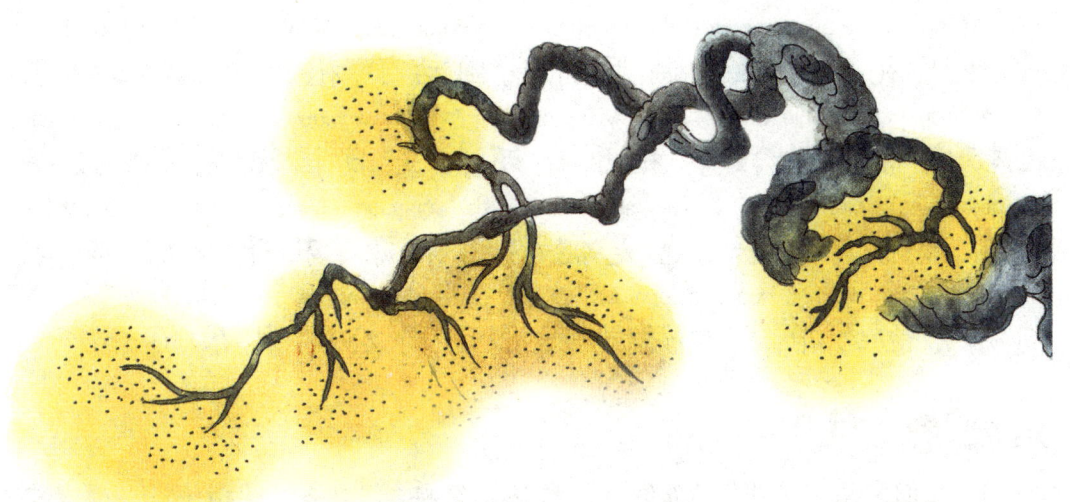

比如，祭祀天神，是专门为最高统治者周天子而设立的，每年冬至时在都城南郊的圜丘举行。在祭祀之前，天子与百官都先要沐浴、斋戒，并检查祭祀的"牺牲"（祭祀时献给天神的贡品）和祭器是否干净。祭祀当天，天子一大早就率领文武百官来到郊外，在一系列繁杂的祭天仪式进行完成后，天子要与舞队共同舞《云门》（相传这是黄帝时的乐舞）。后来，历朝历代皇帝的祭天礼大都是根据周礼制定的。

除了祭天外，还有祭地、祭宗庙、祭先师先圣、尊老等祭祀活动。周公还在朝廷设置礼官，专门掌

管天下礼乐，这一制度将我国古代礼乐制度推向了比较完备的阶段。礼乐制不仅是我国最完备、最早的国家法典之一，也是儒学的来源，孔子非常尊崇周公，他的很多学说就来源于周公的礼乐制。

拓展训练

1. 人们常用"四书""五经"泛称儒家经典，"四书"是指_____、《中庸》、_____和_____；"五经"是指_____、《尚书》、_____、《礼记》和_____。

2. 填一填，读一读。

关关雎鸠，_____。窈窕淑女，_____。
　　　　　　　　　　　　　　　　——《诗经·国风·周南·关雎》

昔我往矣，_____。今我来思，_____。
_____，载渴载饥。_____，莫知我哀。
　　　　　　　　　　　　　　　　——《诗经·小雅·采薇》

死生契阔，_____。执子之手，_____。
　　　　　　　　　　　　　　　　——《诗经·国风·邶风·击鼓》

青青子衿，_____。纵我不往，_____？
　　　　　　　　　　　　　　　　——《国风·郑风·子衿》

知我者，谓我心忧；_____，_____。
　　　　　　　　　　　　　　　　——《诗经·国风·王风·黍离》

3. 形近字注音、组词。

日____（　　）　　　人____（　　）　　　无____（　　）
日____（　　）　　　入____（　　）　　　五____（　　）
于____（　　）　　　天____（　　）　　　公____（　　）

干____（　　）　　　夫____（　　）　　　父____（　　）
大____（　　）　　　以____（　　）
太____（　　）　　　似____（　　）

4. 填出下面和孔子有关的歇后语。

孔夫子搬家——_____　　孔子佩剑——_____

孔子出门——_____　　孔子讲学——_____

孔子的弟子——_____　　孔子面前讲《论语》——_____

5. 趣味连线。

指鹿为马　　　　王羲之

才高八斗　　　　项羽

破釜沉舟　　　　曹植

入木三分　　　　赵高

纪孝行①章第十

原文

子曰:"孝子之事亲也,居②则致③其敬,养则致其乐,病则致其忧,丧④则致其哀,祭则致其严,五者备矣,然后能事亲。

注释

①纪孝行:纪,记录;纪孝行,记录孝子侍养亲人的事迹。②居:这里指日常生活。③致:完,尽。④丧:死亡。

译文

孔子说:"孝顺的子女,在日常的生活中,要用最敬重的心情,竭尽全力细心周到地照顾好父母亲;侍奉父母时,在父母跟前,要心情愉快、和颜悦色地服侍父母,不要使父母感到不愉快;在父母生病时,要以沉重、焦急、忧虑的心情去请医生诊治,煎汤熬药细心照料;父母去世时,要以悲伤的心情尽力料理丧事;祭祀离世的父母时,要庄严肃穆地追思,要用严格的礼仪和严肃的态度祭祀和追念父母。这五方面都做到了,才算是真正对父母尽孝了。

继承父志的班固

班固是东汉著名的史学家。班固的父亲班彪也是一位史学家,他曾经担任朝廷的史官,编写了《史记·后传》(即《汉书》),临终时嘱咐班固,一定要完成《汉书》。在父亲的病榻前,班固紧握着父亲的手,含泪答应了父亲。从此以后,班固夜以继日地撰写《汉书》。就在班固全身心地撰写《汉书》时,有人暗中上书汉明帝,说班固私自篡改国史,图谋不轨。汉明帝听后龙颜大怒,当时规定,只有朝廷的史官才有修史的资格,私修史书是违法的。班固被打入大牢,他的书稿也被朝廷收没。这时,班固

的弟弟向汉明帝写了一封奏折,讲明了班固是继承父命撰写《汉书》,目的是颂扬汉德,让后人了解历史。汉明帝看完奏折后,令人将班固所写的《汉书》拿给他看。汉明帝看过《汉书》后,拍手称赞,他责怪自己差点儿埋没了一个人才,于是下令立刻释放班固。

班固出狱后,用了二十多年的时间,补写了《史记》之后西汉的历史,将汉高祖刘邦到王莽篡位期间,二百二十九年的历史写得清楚翔实。《汉书》是我国历史上第一部纪传体断代史,班固继承父亲遗愿,不但使父亲死而无憾,也为我国史学的发展作出了巨大的贡献。

原文

"事亲者,居上不骄,为下不乱,在丑❶不争。居上而骄则亡,为下而乱则刑,在丑而争则兵❷。三者不除,虽日

yòng sān shēng zhī yǎng yóu wéi bú xiào yě
用三牲❸之养，犹为不孝也。"

注释

❶在丑：在同辈人中。❷兵：兵器，兵刃相接，这里指伤残。❸三牲：指牛、羊、猪等祭祀用的供品。

译文

"孝敬父母还应该做到，即使身居高位，也不要表现出傲慢无礼、目中无人；身为别人的下属，也不为非作歹；身为普通百姓，也不与人争斗。身居高位却自高自大，最终会导致灭顶之灾；为人下属却犯上作乱，最终遭受严刑峻法的惩治；身为普通百姓却总与人争斗不休，最终会演变为动刀动枪，相互残杀。如果居高位而骄、做下属而乱、处卑位而争斗这三种违背常理的不良行为不能去除，就算每天用牛、羊、猪三牲美味佳肴孝敬父母，也不能让父母安心享用，也不算尽孝道啊！"

梁彦光为父觅奇草

梁彦光，字修芝，隋朝人。梁彦光七岁时，他的父亲得了一场大病，医生说必须要用"芝石英"这种非常罕见的药才能根治父亲的病。

为了给父亲治病，七岁的梁彦光跑遍了家乡大大小小的药铺，但都没有买到"芝石英"这种药。无奈之下，梁彦光只好只身一人去山上采集一些外形奇特的草药,然后拿到药铺让人看是不是"芝石英",结果没有一个是"芝石英"。眼看着父亲的病越来越严重,梁彦光守在父亲的床前心急如焚,他不知道如何是好。一天,梁彦光正在自家的后院帮父亲熬药,突然,他看到院墙边长着一株他从来都没有见过的野草,梁彦光断定这绝不是一般的野草,他赶紧摘下一片叶子,跑到药铺向人询问。药铺的人非常吃惊地询问梁彦光:"你是

从哪里找到它的?这就是'芝石英'啊!"梁彦光听后非常高兴,他急忙回家将这"野草"摘下来,为父亲熬药。

乡亲们听到这件事后,都感到非常惊讶,大家都说这是梁彦光的孝心感动了上天,所以上天特意把"芝石英"赐给梁彦光。

拓展训练

1. 趣味连线。

完璧归赵　　　　班超

投笔从戎　　　　荆轲

闻鸡起舞　　　　蔺相如

图穷匕见　　　　祖逖

2. 班固的《汉书》写的是西汉时期的历史,所以下面哪位历史人物不可能出现在班固的《汉书》中?(　　)

　　A. 汉高祖 刘邦　　　B. 汉武帝 刘彻

　　C. 飞将军 李广　　　D. 诗仙 李白

五刑章第十一

原文

子曰:"五刑❶之属三千,而罪莫大于不孝。要❷君者无上,非❸圣者无法,非孝者无亲。此大乱之道也。"

注释

❶五刑:指古代五种非常严酷的刑罚,即墨刑、劓刑、剕刑、宫刑和大辟。❷要:要挟,胁迫。❸非:诽谤,诋毁。

译文

孔子说:"古代有墨刑、劓刑、剕刑、宫刑和大辟这五种严酷的刑罚,而可以判处这五种极刑的罪名大约有三千项,在这三千项罪名中,没有比不孝的罪过更大的了。用武力胁迫君王达到个人目的的人,是目无君长;诽谤圣人的人,是目无法纪;对行孝的人有非议、不恭敬的人,是目无父母。这三种人都是导致天下大乱的根源。"

经典故事

唐太宗与"贞观之治"

唐太宗李世民登基后,注意吸取隋朝灭亡的教训,采取一系列轻徭薄赋的政策,来减轻全国百姓孝经·朱子家训

的负担。唐太宗非常关心全国百姓的生活，他常常对身边的大臣说："民，水也；君，舟也。水能载舟，亦能覆舟。"

唐太宗任人唯贤，善于纳谏，他鼓励大臣们直接指出他为政失误之处。在他的鼓励下，大臣们都能直言进谏，特别是谏议大夫魏徵，他只要发现唐太宗的失误之处，就会毫不顾忌地说出来。后来，魏徵病逝，唐太宗伤感地说："以铜为镜，可以正衣冠；以史为镜，可以知兴替；以人为镜，可以明是非。魏徵一死，我失去了一面镜子啊！"

除虚怀纳谏之外，唐太宗还特别注重法治，他在位时颁布的《贞观律》，对后世和周边国家产生了重大影响。唐太宗以身作则，带头守法，维护国法的

尊严。唐太宗在位时，我国封建社会曾一度做到了"王子犯法，与庶民同罪"。

由于唐太宗的知人善任，以民为本，轻徭薄赋，并以仁德治理天下，在他统治唐朝的二十三年间，唐朝的经济得到了较快发展；当时，社会安定，物阜民丰，整个社会出现了空前的繁荣景象。

唐太宗的年号是"贞观"，所以人们把这段繁荣时期称为"贞观之治"。"贞观之治"是唐朝出现的第一个太平盛世，也是我国历史上最引人注目的封建盛世时期。

拓展训练

1. "惜秦皇汉武，略输文采；唐宗宋祖，稍逊风骚。一代天骄，成吉思汗，只识弯弓射大雕。"在这句词中，诗人没有提到哪位皇帝？（   ）
   A. 元太祖铁木真   B. 唐太宗李世民
   C. 秦始皇嬴政   D. 汉光武帝刘秀

2. 下面哪位诗人不是唐代诗人？（   ）
   A. 李白   B. 王维   C. 杜甫   D. 苏轼   E. 白居易

广要道❶章第十二

原文

子曰："教民亲爱,莫善于孝。教民礼顺❷,莫善于悌❸。移风易俗,莫善于乐❹。安上治民,莫善于礼❺。礼者,敬而已矣。

注释

❶广要道:从大的范围来说明孝道。❷顺:这里指长幼有序。❸悌:对兄长恭敬顺从。❹乐:这里指音乐的感化作用。❺礼:这里指先王制定的礼制。

译文

孔子说:"教育人民要相互亲近,互相友爱,没有比倡导孝道更好的办法了;教育人民讲究礼节,谦恭和顺,没有比敬爱自己的兄长更好的办法了;要改变旧习俗,树立新的风尚,没有比用音乐感化人们更好的办法了;要使国家稳定,君主安心,百姓驯顺,没有比用礼法教化更好的办法了。礼,归根到底就是一个'敬'字而已。

魏兴砍柴奉母

清朝时,在河北出了一个有名的孝子,叫魏兴。

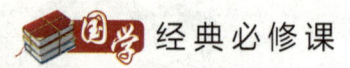

魏兴早年丧父,家境贫寒,他自己每天靠打柴为生,侍奉着老母亲。家里有什么好吃的,魏兴都先让母亲吃,等母亲吃完后,他才用那一丁点儿残汤剩饭来填自己的肚子。

魏兴住的房子里,除了炕头上一床薄薄的被子外,便一无所有;而他母亲的房子,炕头上有一条厚褥子,还有一条干净的厚被子。有一年,魏兴的家乡发生灾荒,卖柴越来越难,魏兴一家的生活也越来越贫苦了。

有时,魏兴辛辛苦苦砍一天的柴,也只够母亲一个人吃三顿饱饭。魏兴给母亲做好饭以后,把热气腾腾的饭菜端到母亲面前,请母亲吃,而自己却装作吃饱饭的样子。等到母亲吃完后,他才回到灶房,拿起用米糠和酒糟和在一起做成的饼子,就着开水吃起来。后来,母亲终于发现了秘密。她不肯吃饭,魏兴对母亲说:"娘,我身体结实,吃这种饼子也就足够了。"

为了让母亲不担心，他每天晚上都假装精神饱满地和母亲说话，早晨起来向母亲问安一次，了解母亲身体是否健康。有一天，母亲病了，魏兴衣不解带地守在母亲的床前侍奉汤药。不料，母亲一病就是三月之久，魏兴坚持为母亲端屎接尿、擦洗身体，从不厌烦。

街坊四邻都被魏兴的孝行感动，称他为孝子。后来，他去世后，村民们为他立了一座"孝子碑"，让大家永远怀念他。

原文

"故敬其父，则子悦①；敬其兄，则弟悦；敬其君，则臣悦；敬一人②，而千万人③悦。所敬者寡④，而悦者众⑤。此之谓要道⑥矣。"

注释

❶悦：快乐，高兴。❷一人：这里指父亲、兄长、君主，即应该受到尊敬的人。❸千万人：指儿子、弟弟、臣子等人。❹寡：少，这里指少数人。❺众：多。❻要道：关键。

译文

"因此，尊敬他人的父亲，他的儿子自然就会高兴；尊敬他人的哥哥，他的弟弟自然就会高兴；尊敬他人的君主，他的臣子自然就会高兴。尊敬一个人，却能使许多人高兴；所尊敬的人是少数，而感到高兴的人却有许多，这就是把孝道称为'要道'的关键所在。"

经典故事

孝文帝移风易俗

北魏，是南北朝时期我国北方曾经存在过的一个少数民族政权。北魏由鲜卑族建立，传至孝文帝时，国力逐渐衰落下来。于是，孝文帝决定采取改革措施，振兴国运。

孝文帝先规定了官员的俸禄，严惩贪官污吏，使得官员不能够随意向百姓摊派税目。之后，实行"均田制"把荒地分给农民，还分给桑田，鼓励农民养蚕。这些措施，使得北方农民生产和生活逐渐稳定,北魏的政权也更加稳固。

北魏政权是少数民族建立的政权,文化发展水平远远不及中原地区,所以为了巩固政权,必须吸收中原先进的文化,改革鲜卑族一些落后的风俗。为此,孝文帝决心把都城迁往中原腹地洛阳,这样便于接受中原文化。

在迁都洛阳之后,孝文帝又颁布了一系列法令,改革鲜卑族的旧风俗,如用宽大的汉服代替鲜卑短小服饰;朝廷的官员一律不再说鲜卑语,改说汉话;鼓励鲜卑人跟汉族人结婚;改变鲜卑人的旧姓为音近或意近的汉姓,北魏的皇室原本

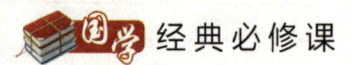

姓拓跋，从此以后改姓元……

孝文帝大刀阔斧的改革，使北魏的政治、经济有了很大的发展，也进一步促进了鲜卑族和汉族的融合。

拓展训练

1. 人们常用"五湖四海"来比喻全国各地或世界各地。成语中的"五湖"是指_____、_____、_____、青海湖和_____。

2. _____和《孔雀东南飞》被誉为"乐府双璧"；其中，_____是汉代古乐府民歌的杰作之一，也是现存下来的最早的一首长篇叙事诗。

3. 我国古代文学史上篇幅最长的抒情诗，是屈原的代表作（　　）。
   A.《天问》　　B.《离骚》　　C.《九章》　　D.《孔雀东南飞》

4. 中国最后一个封建王朝是（　　）。
   A. 元朝　　　B. 清朝　　　C. 明朝　　　D. 民国

广至德①章第十三

原文

子曰:"君子之教以孝也,非家至②而日见之③也。教以孝,所以敬天下之为人父者④也。

注释

①广至德:进一步阐述孝道为"至德"的理由。②家至:家家户户都要走到。③日见之:天天见面,指当面教人行孝。④教以孝,所以敬天下之为人父者:君子以身作则地用孝道去教化人们,为天下做人子的做了表率,使他们都知道敬重自己的父母。

译文

孔子说:"君子教人用孝道去教化百姓,但并不需要亲力亲为,挨家挨户地去推行,也并不是天天当面去教导人们要行孝。君子能够以身作则地用孝道去教化人们,就会使天下为人子女的,都知道侍奉父母。

经典故事

吉翂击鼓救父

吉翂是南北朝时期南朝的一个少年英雄。吉翂十一岁时,母亲就病故了。在母亲死后不久,他的父亲又被人诬陷入狱,并要押送京城处死。吉玢知道父亲是被冤枉的,所以他孤身一人赶到京城替父伸冤。梁武帝看是一个孩子,就非常生气地说:"你一个小孩子,能有什么冤屈?你知不知道乱闯皇宫是要被杀头的!"

吉玢鼓起勇气向梁武帝诉说了父亲的遭遇,并恳求代父受死。吉玢的勇气让梁武帝吃惊,他怀疑有人指使吉玢这样做,于是令廷尉审讯吉玢。

吉玢戴着脚镣手铐被带到大堂上,廷尉严厉地问:"是谁指使你告状的!快如实招来,要不就立即砍头!"

吉玢镇定自若地说:"我很怕死,但想到几个弟

弟还小，如果父亲死了，谁来照顾他们？所以我下定决心替父受死，没有人指使我，我是自愿的。"

突然，廷尉换上一副和颜悦色的面孔说："皇上已了解你父亲没有罪，就要释放你父亲。我看你聪明伶俐，前途一定不可限量，为什么小小年纪就要代父受死呢？"吉翂说："蝼蚁还知道爱惜自己的生命，更何况是人！我只知道父亲是被冤枉的，所以才要求替代父亲去死，希望父亲活下来！"

廷尉见吉翂说的合情合理，非常感动，就让人去掉吉翂的镣铐，并将这些情况向梁武帝汇报了，梁武帝听后大为感动，于是便宽恕了吉翂和他父亲。父子俩绝处逢生，便高高兴兴地回家去了。

原文

"教以悌，所以敬天下之为人兄者也。教以臣，所以敬天下之为人君者也。《诗》

云：'恺悌①君子，民之父母。'非至德，其孰②能顺民③，如此其大者乎！"

注释

①恺悌：和乐安详，平易近人。②孰：谁。③顺民：顺应民意。

译文

"君主能够以身作则地用尊兄之道去教化人们，就会使天下为人弟的，都知道如何敬爱自己的兄长。能够以身作则地教化人们为臣之道，就会使天下为人臣子的都知道如何尊敬君主。《诗经》中说：'一个当政的君主，应该是平和快乐的。这样的君主就是百姓的父母啊！'他们如果没有至高无上的德行，怎么能使天下的百姓顺从呢？"

经典故事

重情重义的唐玄宗

唐玄宗李隆基，是唐睿宗李旦的第三个儿子。在封建社会，太子一般都是长子，皇位自然也是太子继承。李隆基的大哥李宪认为是李隆基帮助父亲重新夺回天下的，所以坚决把皇太子的位置让给李隆基。

因此，在李隆基继位后，他对哥哥李宪非常感激，也非常敬重。在李宪死后，唐玄宗对大臣们说："我的天下是哥哥让给我的，一般的谥号不足以表达我对哥哥的感激之情。"于是，他给李宪追加谥号为"让皇帝"。

唐玄宗对其他兄弟也特别敬重爱护，这种敬爱之情完全发自内心。在做太子时，喜爱音乐的李隆基经常与兄弟们在一起弹琴唱歌；做了皇帝后，唐玄宗叫人在皇宫中做了一张大床，缝制了一床大被子，还有一个长枕头，他经常把兄弟们召进宫中，彻夜长谈，然后一同睡在大床上。唐玄宗还喜欢和兄弟们一起饮酒、唱歌、下棋、作诗，有时兴致来了还会一同出宫打猎。他的兄弟们难免会犯错误，被朝中的大臣指责，但唐玄宗总能公事公办，有时甚至代替兄弟受过。

弟弟薛王李业生病时，唐玄宗亲自为弟弟煎药，突然一阵风吹来，炉中的火焰烧到了唐玄宗的胡子，一旁的太监看到后大惊失色，以为自己肯

定要被砍头的,但唐玄宗毫不在乎地说:"要是弟弟喝过药就能马上痊愈,那我的胡子烧掉又算得了什么!"

唐玄宗对兄弟的深情厚谊,是帝王中比较少见的,也正因此,他被后人广为颂扬。

拓展训练

1. 我国古典小说"四大名著",分别是罗贯中的_____、_____的《水浒传》、吴承恩的《西游记》和曹雪芹的_____。

2.《三国演义》是一部脍炙人口的历史演义小说,下面哪个人物出自《三国演义》?(　　)

A. 韩信　　B. 林冲　　C. 赵云　　D. 秦琼

3. 趣味连线。

武松　　　　　《红楼梦》　　　　赤壁

孙悟空　　　　《三国演义》　　　水泊梁山

林黛玉　　　　《西游记》　　　　大观园

诸葛亮　　　　《水浒传》　　　　花果山

广扬名①章第十四

原文

子曰："君子之事亲孝，故忠可移②于君；事兄悌，故顺可移于长；居家理③，故治可移于官。是以行成于内④，而名⑤立于后世矣。"

注释

①广扬名：进一步阐发行孝和扬名的关系。②移：转移，这里指感情的转移。③理：治理，这里指妥善处理。④行成于内：行，指孝悌的德行；成，有所成就；内，指家里。这句是说在家里能把孝悌的德行表现得很完善。⑤名：扬名，成名。

译文

孔子说："君子把对父母的敬爱之心，转移到侍奉国君身上，那就一定能忠于国君、忠于国家；君子对兄长的顺从恭敬，也能转移到比自己年长位高的人身上；居家过日子，能处理好家务，将家务管理得井井有条的人，那么他也一定能在治理国家上做出好的成绩。所以说，能够在家里尽孝悌之道，治理好家事的人，必定会有所作为，并能扬名后世。"

爱国诗人屈原

屈原是楚国贵族,他从小就受到良好的教育,并通晓历史,在二十多岁时,他就在楚国担任要职,深得楚怀王的信任。

当时,楚国面临着秦国的武力威胁,面对这种困境,屈原提出了改革内政的主张,但遭到楚国贵族的强烈反对。楚国贵族竭力排挤、诋毁屈原,楚怀王也逐渐疏远了屈原,不让他参与议政。当听到楚国要和秦国议和的事后,屈原看出了其中的阴谋,竭力劝阻楚怀王和秦国议和,但楚怀王轻信奸臣的花言巧语,执意去秦国议和。最后,遭到秦军伏击,客死他乡。

屈原听到这个消息后悲愤交加,他把这种悲愤的感情通过诗歌表达出来,写成《招魂》一诗,呼唤怀王的灵魂能够回到楚国来。之后,屈原又创作了《离骚》《九章》等诗篇,抒发自己忧国忧民的愁思。

楚怀王死后，顷襄王继承王位。屈原担忧国家的命运，他数次向顷襄王上书，劝顷襄王改弦易辙，改革内政，抓紧练兵，以雪前耻。但这些能够挽救楚国的主张，又遭到了楚国奸臣的抵制。后来，楚国的贵族们又阴谋陷害屈原，结果他被流放到南方的荒蛮之地。

屈原终日在汨罗江畔徘徊，他的心仍时刻关心

着楚国的命运。就在屈原被流放的时间里,秦国攻占了楚国的国都郢都,楚国灭亡了。得知楚国灭亡的消息后,屈原更加悲愤,他接连创作了《天问》《九歌》《哀郢》等震铄千古的不朽诗篇。

楚国灭亡后,屈原眼见复兴楚国无望,痛不欲生。就在这一年的五月初五,屈原来到汨罗江畔,面对滚滚江水,他心潮汹涌,悲愤难平,为了追随逝去的故国,屈原怀抱一块石头,纵身跳入汨罗江,自溺而亡。

拓展训练

1. "路漫漫其修远兮,吾将上下而求索。"是战国时期楚国爱国诗人（　　）的名句。

　　A. 宋玉　　　　B. 屈原　　　　C. 左思　　　　D. 王粲

2. 下面哪部作品不是屈原的作品？（　　）

　　A.《离骚》　　B.《九章》　　C.《九辩》　　D.《天问》

3. 读一读,背一背。

文王拘而演《周易》；仲尼厄而作《春秋》；屈原放逐,乃赋《离骚》；左丘失明,厥有《国语》；孙子膑脚,《兵法》修列；不韦迁蜀,世传《吕览》；韩非囚秦,《说难》《孤愤》；《诗》三百篇,大抵圣贤发愤之所为作也。

（西汉·司马迁《报任安书》）

谏诤❶章第十五

原文

曾子曰:"若夫❷慈爱、恭敬、安亲❸、扬名,则闻命❹矣。敢问子从父之令,可谓孝乎?"子曰:"是何言与❺!是何言与!昔者,天子有争臣❻七人,虽无道,不失其天下;诸侯有争臣五人,虽无道,不失其国❼;大夫有争臣三人,虽无道,不失其家❽;士有争友,则身不离❾于令名❿;父有争子,则身不陷于不义。故当不义,则子不可以不争于父;臣不可以不争于君;故当不义则争之。从父之令,又焉得为孝乎!"

085

注释

❶谏诤：以直言劝告。 ❷若夫：发语词，没有实际的意义。❸安亲：父母亲安心接受儿女的孝养。❹命：指示，教诲。 ❺与：通"欤"，语尾助词，表疑问、感叹或反问的意思。❻诤臣：直言劝告的臣子。❼国：指诸侯统治的区域。❽家：指大夫统治的区域。❾不离：不失去。❿令名：美好的名声。令，美好。

译文

曾子说："像慈爱、恭敬、安亲、扬名这些孝道，已经听过了您的讲述！我想再冒昧地问一下，做儿子的一味遵从父亲的命令，就可称得上是孝顺了吗？"孔子说："这是什么话呀？这是什么话呀？从前，天子身边有七个直言相谏的诤臣，因此，纵使天子是个无道昏君，他也不会失去其天下；诸侯有直言相谏的诤臣五人，即便自己是个无道君主，也不会失去他的封地；大夫有三位直言劝谏的臣属，即使他是个无道的大夫，也不会失去自己的家园；普通的读书人有直言相劝的朋友，自己的美好名声就不会丧失；作为父亲的有敢于直言力诤的儿子，父亲就不会陷身于不义之中。

因此如果父亲有不义之举，做儿子的不可以不直言相劝。如果君王有不义之行，一定要直言相劝。如果不加分辨，只是一味地遵从父亲的命令，又怎么称得上是孝顺呢！"

堂谿公劝谏

战国时期，"战国七雄"之一的韩国的韩昭侯平时说话不太注意，总在无意间就将一些重大的机密泄露给身边的人，这使很多计划胎死腹中。对此，韩昭侯身边的人都很着急，可始终没有人直言劝说韩昭侯改正。

有一位叫堂谿公的大臣，为人机智聪明，应变能力强，他自告奋勇要去劝谏韩昭侯。堂谿公见到韩昭侯后，恭敬地说："我有一只玉做的酒杯，价值千金，但是中间是空的，还没有底，您说这酒杯能盛酒吗？"韩昭侯不假思索地说："当然不能盛酒！"

堂谿公又进一步说道："我还有一个瓦罐，很不值钱，但它滴水不漏，您说这瓦罐能用来盛酒吗？"

韩昭侯说:"当然可以啊!"

堂谿公见时机成熟,就因势利导地说:"大王说得对!一个瓦罐虽值不了几个钱,但是因为不漏,所以可以用来盛酒;而一个价值不菲的玉器,尽管很贵重,但由于它空而无底,倒水即漏,更不用说盛酒了。人也一样,作为一国之君,如果常将军国大计泄露出去,那就和一件中空无底的玉酒杯一样:即使是再有才干的人,如果将机密提前泄露,那他的计划即使再完美,也不会成为现实,因此谋略和才能也不会得到展现了。您说是不是?"

韩昭侯听完后,幡然醒悟,他连连点头说:"你的话很有道理,我知道该怎么做了。"

从此之后,韩昭侯凡是与大臣谋划了的事情,在未实施之前,对身边的人只字不提,有时甚至连晚上睡觉都独自一人,生怕自己睡着后说梦话,将国家机密泄露,耽误了国家大事。

拓展训练

1. 春秋时期，各个诸侯国相互征伐，争夺霸权，这时先后出现了五个称霸的诸侯，史称"春秋五霸"。"春秋五霸"是指_____、宋襄公、_____、_____、_____。

2. 春秋时期的战争使诸侯国数量大大减少，到战国时期，出现了七个实力强大的诸侯国，史称"战国七雄"。这七个诸侯国分别是_____、_____、_____、燕国、_____、_____和_____。

3. 下面哪一位是战国时期的著名人物？（   ）
A. 苏秦   B. 张良   C. 岳飞   D. 郑和

4. 读一读，背一背。
天将降大任于是人也，必先苦其心志，劳其筋骨，饿其体肤，空乏其身，行拂乱其所为，所以动心忍性，曾益其所不能。《孟子·告子下》

国学百宝箱

什么是百家争鸣？

春秋战国时期，社会矛盾加剧，许多社会问题亟待解决。此时，知识界分成了不同的思想流派，不同派别的知识分子纷纷著书立说，相互论战，阐述自己对宇宙、对社会、对万事万物的解释或主张，他们思维活跃，思想积极，高谈阔论，相互辩难，出现了学术上空前的繁荣景象，后世称为"百家争鸣"。

感应①章第十六

原文

子曰:"昔者②,明王③事父孝,故事天明④;事母孝,故事地察⑤;长幼顺,故上下治⑥。天地明察,神明彰⑦矣。故虽天子,必有尊也,言有父也⑧;必有先也,言有兄也⑨。

注释

①感应:这里指能尽孝悌之道,至诚之心就可以感通神明,使天下安宁。②昔者:过去,从前。③明王:贤明的君王。④事天明:天子对父亲孝顺,所以在祭天时也就明白上天庇护万物的道理。⑤事地察:天子对母亲孝顺,所以在祭地时能够明白大地孕育万物的道理。⑥治:这里指得到很好的治理。⑦神明彰:这里是指神明感应到至诚,所以使风调雨顺天下安宁。⑧故虽天子,必有尊也,言有父也:所以虽然是贵为天子,但一定有比他更尊贵的人,那就是父亲。⑨必有先也,言有兄也:一定有比他先出生的人,那就是兄长。

译文

孔子说:"从前,贤明的帝王侍奉父亲非常孝顺,所以在祭祀天帝时能够明白上天覆庇万物的道理;侍奉母亲很孝顺,所以在社祭后土时能够明察大地孕育万物的道理；处理好长幼的关系，世界也就太平了。天地之神明白他的孝道，因而降福保佑他们。所以虽然贵为天子，也必定有尊敬的人，就是他的父亲；必有先他出生的人，就是他的兄长。

原文

"宗庙致敬，不忘亲也。修身慎行，恐辱先❶也。宗庙致敬，鬼神著❷矣。孝悌之至，通于神明，光❸于四海，无所不通。《诗》云：'自西自东，自南自北，无思不服❹。'"

注释

❶辱先：辱，羞辱，侮辱。先，祖先。辱没祖先的名誉。❷鬼神著：著，显现，指神灵显著彰明。祖先的神灵显现，前来享受子孙诚敬的祭祀。❸光：照耀。❹无思不服：没有人不服从。

译文

"到宗庙祭祀恭恭敬敬，是没有忘记自己的亲人；修养身心，谨言慎行，是恐怕因自己的过失而使先人蒙受羞辱。到宗庙祭祀表达敬意，神明就会出来享受。对父母兄长孝敬顺从到了极点，就可以通达神明，如同阳光般普照四海，无所不及。《诗经》讲：'从西向东，从南到北，没有不对你心悦诚服的。'"

贤君唐尧

尧帝,又称唐尧,是传说中上古的贤君。尧作为首领,为人谦逊节俭,宽容礼让,处处都为百姓着想。当他听说百姓中有人饿肚子或者没有衣服穿时,他就会自责地说:"这是我的责任,我没有做好工作,让百姓受苦了!"如果有人犯罪,尧会说:"这是我领导不善啊!我没有很好地引导,致使他们走上邪道,犯下错误,这是我的责任啊!"

尧作为部落首领，从不搞特殊，他对自己严格要求，从不铺张浪费，所以一直受到人们的衷心拥戴和怀念。人们赞颂他说："接近他如太阳一般温暖，远望他如云霞一样灿烂；富有而不骄横，高贵而不傲慢。"

在用人方面，唐尧选拔人才时从不计较出身门第，也不给自己的亲属特殊照顾，他唯才是举，选贤任能。尧发现自己儿子资质平平，不具有做领袖的天分，于是他就不想把帝位传给儿子，而是物色能接替他的人选。当尧发现在百姓中享有威望的舜后，他反复考察，多方试探，最后决定把帝位禅让给这位孝顺而有才干的年轻人。尧本着天下为公、选贤举能的原则，首创了禅让制，这一创举被后人千古传颂，孔子就赞扬尧说："大哉！尧之为君也。"

事君①章第十七

原文

子曰:"君子之事上也,进②思尽忠,退③思补过,将④顺其美,匡救⑤其恶,故上下能相亲也。《诗》云:'心乎爱矣,遐不谓⑥矣。中心⑦藏之,何日⑧忘之?'"

注释

①事君:侍奉君主。②进:进见于君。这里指在朝中做官。③退:指回到家里。④将:助。⑤匡救:扶正、补救。⑥遐不谓:遐不,何不;谓,告诉。⑦中心:心中。⑧何日:无论何时。

译文

孔子说:"君子侍奉君王,在朝廷为官的时候,要想着如何竭尽忠心,帮助君主推行有益的政令;回到家后,还要反省自己有没有尽到责任,言语有没有过失。对于君主的过失,要设法纠正、及时补救。这样侍奉君主,君主自然能觉察到他的忠心,君臣同心同德,相互亲近。《诗经·小雅·隰桑》中说:'心中充满敬爱之情,无论相隔多远,这片真诚的爱意都能永藏心中,无论何时,永不忘记。'"

鞠躬尽瘁的诸葛亮

诸葛亮是三国时期杰出的政治家、军事家和外交家。诸葛亮二十多岁时,因为被刘备"三顾茅庐"的诚意感动,决定追随刘备,做刘备手下的谋士,辅佐刘备创业。诸葛亮跟随刘备后,他临危受命,用激将法说服了孙权,使孙权接受了联刘抗曹的建议。孙刘结盟后,在赤壁大败了兵多将广的曹操,之后形成了蜀、吴、魏三足鼎立的割据局面。

后来,诸葛亮帮助刘备夺取汉中,使刘备的政权逐渐稳固,刘备称帝后,诸葛亮被任命为丞相。诸葛亮担任丞相后,在西蜀大力发展生产,使得天府之国的蜀国物阜民丰。几年后,刘备病重,临终前他嘱托诸葛亮:"你有治国之才,我的儿子刘禅资质平平,如果能辅佐就辅佐;如果他昏庸无能,那你就取而代之吧。"诸葛亮听后,非常感动,他流着泪说:"我一定会竭力辅佐少主,直到我死!"

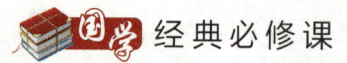

liú shàn jì wèi hòu zhū gě liàng quán xīn quán yì de fǔ zuǒ tā guó zhōng
刘禅继位后，诸葛亮全心全意地辅佐他，国中
zhèng shì shì wú jù xì dōu qīn zì chǔ lǐ zài zhì lǐ xī shǔ de tóng shí zhū
政事事无巨细都亲自处理。在治理西蜀的同时，诸
gě liàng bú wàng liú bèi de yí zhì chū shī běi fá kè fù zhōng yuán zài chū
葛亮不忘刘备的遗志：出师北伐，克复中原。在出
shī tǎo fá cáo wèi qián zhū gě liàng céng xiě xià chū shī biǎo gěi liú shàn biǎo
师讨伐曹魏前，诸葛亮曾写下《出师表》给刘禅，表
dá chū zì jǐ jié zhōng jìn zhì de yí piàn zhōng xīn zài zòu zhāng zhōng zhū gě liàng
达出自己竭忠尽智的一片忠心，在奏章中诸葛亮

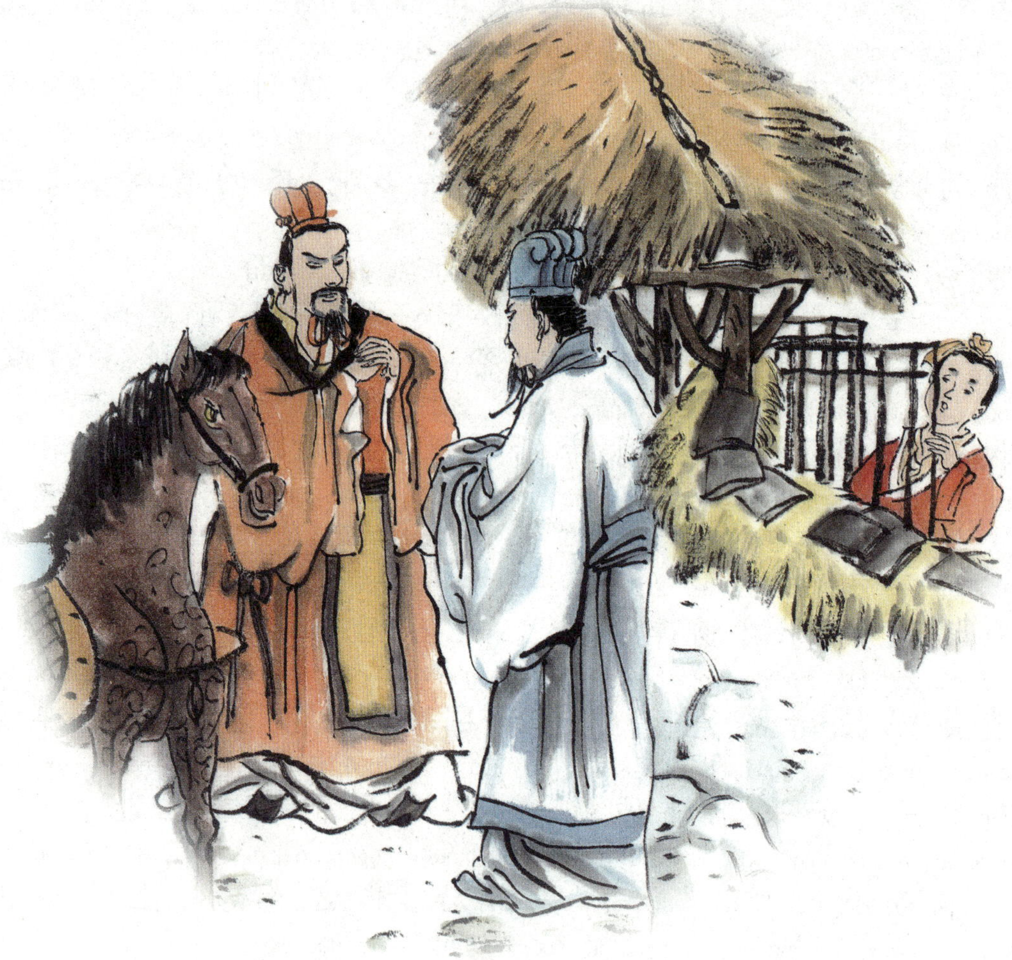

表示自己将"鞠躬尽瘁，死而后已"。诸葛亮前后六次北伐中原，最后积劳成疾，病逝在第六次北伐的军中，去世时年仅五十四岁。

诸葛亮病死的消息传到蜀中时，人们悲痛万分，纷纷为诸葛亮披麻戴孝，为他修庙祭祀。诸葛亮为国家竭忠尽智的崇高品质，受到后世的推崇。

拓展训练

1. 如果人们想了解三国时期的历史，可以翻看下面哪部史书？（　　）

A.《汉书》　　B.《史记》　　C.《三国志》　　D.《左传》

2. 下面哪位人物不是三国时著名的将领？（　　）

A. 张良　　B. 周瑜　　C. 吕布　　D. 关羽

3. 著名的"桃园三结义"中没有下面哪一位人物？（　　）

A. 张飞　　B. 刘备　　C. 赵云　　D. 关羽

丧亲章第十八

原文

子曰："孝子之丧亲也，哭不偯①，礼无容②，言不文③，服美不安④，闻乐不乐，食旨⑤不甘，此哀戚之情也。三日而食⑥，教民无以死伤生⑦。毁不灭性⑧，此圣人之政⑨也。丧不过三年，示民有终也⑩。

注释

①哭不偯：偯，痛哭时发出婉转拉长的声音。表示悲伤痛苦到了极点。②容：保持端正的容貌。③文：文饰；修饰，有文采。④服美不安：穿着美观的服饰，心里感到不安。⑤旨：美味。⑥三日而食：父母去世后，孝子前三日不吃饭，三日之后，就可以吃饭。⑦无以死伤生：不可因亲人之死而伤害到活着的人。⑧毁不灭性：毁，哀毁。因哀痛而身体瘦削，但不危及生命。⑨政：法则；这里指圣人制礼施教的法则。⑩丧不过三年，示民有终也：丧期不超过三年，这是对人们表示哀伤要有终结。

译文

孔子说："孝子的父母去世了，他哭得气力衰竭，行为举止也不再讲究，言语谈吐也不再考虑条理文采了，穿着华丽的衣服会觉得内心不安，听到美妙的音乐也不会感到心情愉悦，吃到美味的食物也不会觉得美味可口。这些都是孝子失去父母后悲伤哀痛的表现！孝子要在父母去世后三天吃东西，这是教导人们不要因哀伤过度损伤自己的身体。不要因为过度悲痛而使人的天性灭绝，这是圣人君子的为政之道。为父母守孝不超过三年，这是告诉人们，丧礼是有终止期限的。

原文

"为之棺、椁、衣、衾而举之❶；陈其簠、簋而哀戚之❷；擗踊❸哭泣，哀以送❹之；卜其宅兆，而安措之❺；为之宗庙，以鬼享之❻；春秋祭祀，以时思之。生事爱敬，死事哀戚，生民❼之本尽矣，死生之义备矣，孝子之事亲终矣❽。"

注释

❶为之棺、椁、衣、衾而举之：准备棺、椁、衣、衾，举行殓礼。古代的棺木有两重，盛放尸体的叫棺，套在棺外的叫椁。衾，死人盖的被子；举之，举行殓礼，分小殓和大殓，为死者穿衣服称小殓，把尸体放入棺内，称大殓。❷陈其簠、簋而哀戚之：簠、簋，古代祭祀宴享时盛黍稷的器皿，用竹木或铜制成。大抵簠多为方形，簋多为圆形。陈列簠、簋等礼器而悲伤忧痛。❸擗踊：擗，捶胸；踊，跳跃。捶胸顿脚。古丧礼中，表示极度悲痛的动作。❹送：送殡；送葬。❺卜其宅兆，而安措之：占卜墓地，安葬灵

柩。卜，占卜；宅兆，坟墓的四周区域。❻为之宗庙，以鬼享之：营建宗庙，以祭祀之礼，请鬼神来享用。❼生民：人民。❽孝子之事亲终矣：孝子侍奉父母的任务到此结束了。

"办丧事的时候，要为去世的父母准备好内棺、外棺、穿戴的衣饰和铺盖的被子等，并设立灵堂进行哀思，摆上簠、簋类祭奠器具，以寄托生者的哀痛和悲伤。出殡的时候，捶胸顿足，号啕大哭地哀痛出送。卜卦选择一块好的坟地，安葬好亲人的魂灵；兴建起祭祀用的庙宇，使亡灵有所归依并享受生者的祭奠。在春秋两季举行祭祀，以表示生者无时不思念亡故的亲人。父母亲在世时，用敬爱之心来奉事他们；在他们去世后，则怀着悲哀之情料理丧事，这样便尽到了人生在世应尽的本分和义务。养生送死的大义都做到了，才算是完成了作为孝子侍奉亲人的义务。"

蔡邕孝母

蔡邕是东汉末年著名的文学家、书法家。蔡邕幼年丧父，母亲含辛茹苦地把他抚养长大。蔡邕也很懂事，从小就刻苦读书，立志长大后好好孝敬母亲。后来，蔡邕在朝廷做官，只要是母亲需要的，他就想方设法地办到。

蔡邕中年时，母亲突然中风，手脚不能动了，整日只能躺在床上，这一躺就是三年。在母亲生

孝经·朱子家训

病的三年中,蔡邕夜以继日地守候在母亲身边,喂母亲吃饭,处理杂事。此时,蔡邕已经在朝为官,完全可以让下人做这些事,但他心甘情愿地去做这些,从没有一句怨言。在服侍母亲的三年中,除了季节交替换衣服外,其余时间,蔡邕连衣带都没有解过,日夜守在母亲的病榻前。实在困了,就在床上躺一会儿,不久又马上起来看护母亲,问寒问暖,喂茶喂饭,亲自服侍。日子久了,蔡邕也渐渐消瘦得不

成人形,就像一个处在病中的人。大家都劝蔡邕说:"你对母亲的孝心,已经超过世上任何一位子女,还是让下人替换一下吧,你好好休息一下,不然的话,你的身体也会累垮的。"蔡邕说道:"母亲重病在床,身为人子,我怎么放心离开她?"

母亲去世后,蔡邕悲痛不已,他责怪自己没有将母亲照顾好,让母亲过早离世。于是,把母亲埋葬后,蔡邕就在母亲的坟墓旁修盖一处小屋守孝,日夜陪伴母亲。守孝期间,蔡邕每天都为母亲打扫墓地,摆上应季水果。直到三年守孝期满后,蔡邕才脱掉身上的孝服,在母亲的坟前痛哭一场后,才依依不舍地离开。

拓展训练

蔡邕是东汉末年著名的书法家,创造了"飞白"书体。下面哪一位人物也是著名书法家?(　　)

A. 顾恺之　　B. 吴道子　　C. 王羲之　　D. 张择端

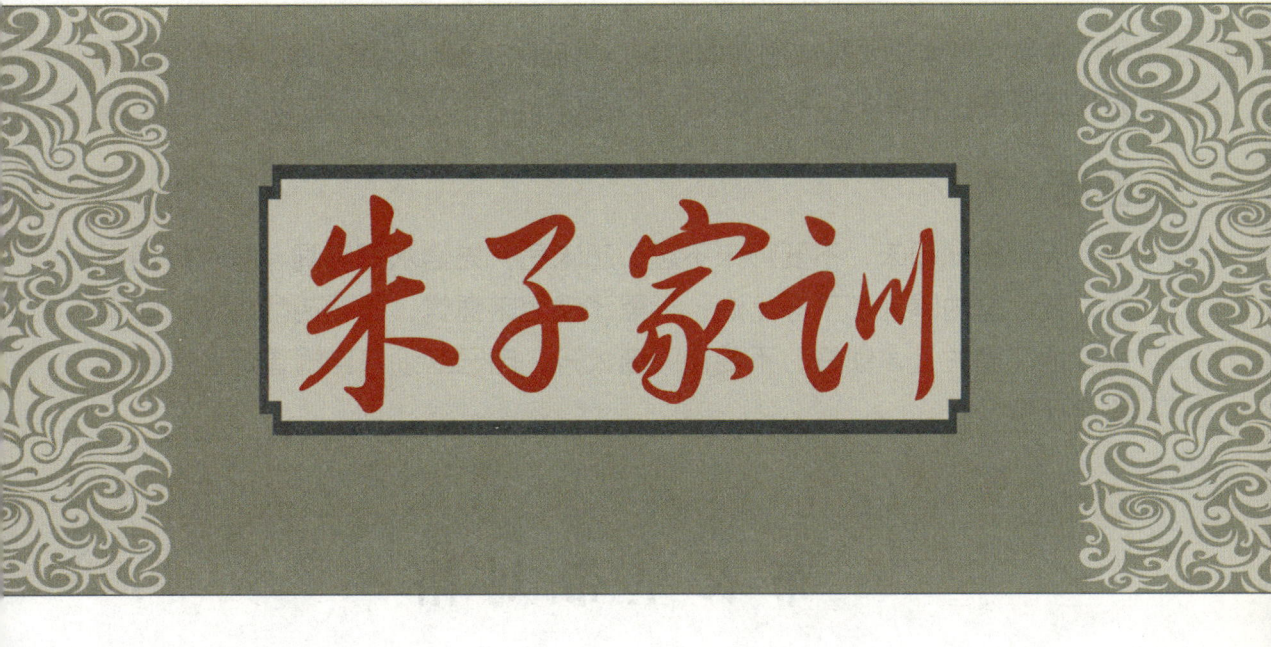

原文

黎明①即起,洒扫庭除②,要内外整洁;既昏③便息,关锁门户,必亲自检点。

注释

①黎明:天快要亮或刚亮的时候。②庭除:庭,厅堂;除,台阶。这里指厅堂院落。③既昏:既,到了。到了黄昏。

译文

天刚亮就起床,不要赖床不起,起床后,先洒水把房间、庭院打扫干净,要让屋内屋外都干净整洁;天黑了就上床睡觉,不要胡乱走动,睡觉前要把门窗关上、锁好,不要让门窗大开,自己必须亲自检查这些事情是否全部做好了。

经典故事

布衣皇帝刘裕

南朝刘宋的开国皇帝刘裕出身低微,他未成年时,父亲就已经去世。由于家境贫寒,常常食不果腹,刘裕只好拿些鱼篓到市场上换米。后来,刘裕白手起家,从士兵做到军队统帅,推

孝经·朱子家训

翻东晋建立刘宋王朝。当了皇帝后,刘裕并没有忘记过去的苦难,他依然保持简朴的生活习惯,除了上朝的礼服外,他只穿制作简单的粗布衣服,而且他要求皇子们也这样做。刘裕生活简朴,治国也戒奢从简。有一次,一位太守为讨好皇帝,送上一件由众多织工精缕细绣的龙袍,刘裕见了大为恼怒,他将这位太守革职查办,并下令不准再搞此类劳民伤财的事。

刘裕作为皇帝,他的居室却简陋致极,他睡的床是普通的木床,没有雕龙刻凤。在床头用土坯垒起一段隔开障,当作屏风,至于蚊帐被褥之类,也都是平民用得起的布制品。刘裕的居室里，最特殊的地方，是在墙边摆着几件他做农夫时用过的农具，这是他当上皇帝后派人从老家找回来的，用来教育后代不忘先辈创业的艰辛。

拓展训练

1. 在中国历史上出现过很多布衣皇帝，他们起初都是普通百姓，后来通过不懈努力而成为一代君主，下面哪一位皇帝和刘裕一样也是布衣皇帝？（ ）

  A. 朱元璋　　　B. 李世民　　C. 秦始皇　D. 汉武帝

2. "大泽乡起义"是我国历史上第一次农民起义，起义领袖（ ）喊出了"王侯将相宁有种乎！"的口号。

  A. 陈胜、吴广　　B. 方腊　　　C. 李密　　D. 李自成

3. 读一读，背一背。

永遇乐·京口北固亭怀古
[宋] 辛弃疾

千古江山，英雄无觅，孙仲谋处。舞榭歌台，风流总被，雨打风吹去。斜阳草树，寻常巷陌，人道寄奴曾住。想当年，金戈铁马，气吞万里如虎。

元嘉草草，封狼居胥，赢得仓皇北顾。四十三年，望中犹记，烽火扬州路。可堪回首，佛狸祠下，一片神鸦社鼓。凭谁问：廉颇老矣，尚能饭否？

孝经·朱子家训

原文

一粥一饭,当思来之不易;半丝半缕,恒念物力维艰①。

注释

①物力维艰:物产来之不易。

译文

对于一碗粥、一顿饭,都应该想到它们的来之不易,所以不应该浪费;哪怕是半根丝半缕线,也要时常想到这些物资是经过艰辛的劳作后获得的,所以不要随随便便丢弃。

经典故事

赵匡胤劝女节俭

宋太祖赵匡胤是一位非常节俭的皇帝,他平时穿的衣服都是很寻常的衣服,上朝穿的衣服也是

用普通绸布缝制的皇袍。赵匡胤不仅自己过着布衣蔬食的简朴生活，对他的子女也要求节俭。

赵匡胤的女儿永庆公主出嫁后，经常回到宫中来看望父母。一次，她穿着一身用翠鸟毛做的衣服来看望赵匡胤。赵匡胤看了之后，对永庆公主说："从今以后，你不要再穿这种衣服了。"公主知道父亲节俭，但她感觉这件衣服非常平常，即使普通人有时也能穿得上。便说道："这么一件衣服能用多少翠羽呢？"赵匡胤语重心长地说："你穿这种衣服，浪费是一方面，可是宫内宫外的人看到之后，必然要跟着学。这样一来，京城里的翠鸟羽毛就会涨价，老百姓都会争着贩卖从中牟利。长此以往，老百姓为了逐利，都不会去种田了，你生在皇家，应当想到珍惜富贵，这种坏事怎能由你开头？"公主听后，惭愧地低头认错。

由于赵匡胤提倡节俭的言行，朝野上下深受感动，北宋初年节俭之气蔚然成风。

拓展训练

1. 下面哪一位皇帝是宋朝的开国皇帝?（　　）

   A. 赵匡胤　　B. 李世民　　C. 朱元璋　　D. 赵光义

2. 下面哪个历史事件与宋朝的建立有关?（　　）

   A. 玄武门之变　　B. 大泽乡起义

   C. 陈桥兵变　　　D. 土木堡之变

3 填写下面的名句。

   克勤于邦，_____。(《尚书·大禹谟》)

   历览前贤国与家，_____。(唐·李商隐《咏史》)

   _____，逸豫可以亡身。(宋·欧阳修《五代史伶官传序》)

4. 读一读，背一背。

悯　农

[唐] 李绅

锄禾日当午，汗滴禾下土。

谁知盘中餐，粒粒皆辛苦。

国学百宝箱

南北朝是指哪些朝代?

　　南北朝是隋唐大一统之前，我国历史上一段大分裂时期，南朝依次是宋、齐、梁、陈；北朝是北魏、东魏、西魏、北齐、北周。南北朝从公元420年刘裕建立宋开始，到公元589年隋朝灭南朝陈为止，共持续169年。

原文

宜未雨而绸缪❶，毋❷临渴而掘井。

注释

❶未雨而绸缪：天还未下雨，应先修补好屋舍门窗，比喻凡事要预先做好准备。❷毋：不要。

译文

凡事都应该提前做好准备，就像在下雨之前把房屋、门窗修补好一样。不要等到口渴了，才想到去挖井。

晁错谋划不周遭腰斩

西汉王朝推行家天下的政策，将众多的刘氏子孙分派到全国各地封王称侯。这些王侯有自己的土地和军队，随着他们力量的逐渐壮大，西汉的中央统治遭到威胁。

晁错看到了诸侯拥兵自重的危害，便向皇帝建议，要求削弱和限制诸侯的力量。晁错的这些建议对皇帝的统治非常有利，但对诸侯来说是个沉重的打击，他们对晁错恨之入骨。晁错也知道自己在

孝经·朱子家训

朝中树立了不少敌人,但他自以为皇帝倚重他,信任他,他不会有事。

晁错的朋友和父亲都为他提心吊胆,他们都劝晁错提早退出,可晁错却依然我行我素,不以为然。父亲对晁错说:"诸侯和皇帝都姓刘,你建议削弱诸侯的权力,这不是疏远人家刘姓的骨肉之情吗?你这样出力不讨好,又何必呢?"晁错说:"确实是这样,但不这样做,皇帝就得不到尊重,汉朝的江山就不能安稳。"父亲叹口气说:"刘氏天下安稳了,咱们

晁氏家族就危险了,你还是尽早打算,全然身退吧,不然后悔都来不及了!我不忍心看到你大祸临头,还是赶紧回家好。"老人回家后不久就服毒自杀了。

后来,不出老人所料,七国诸侯共同抵制皇帝的诏令,起兵造反,他们对皇帝说,造反是针对晁错和他的建议,只要维持诸侯的权力,杀掉晁错,就继续拥护皇帝。皇帝信以为真,以为杀了晁错就能平定叛乱,于是下令将晁错一家满门抄斩,晁错本人被腰斩处死。

1. "未雨绸缪"这个成语和下面哪个成语意思相近?( )

   A. 有备无患   B. 临渴掘井   C. 亡羊补牢   D. 江心补漏

2. 汉朝的开国皇帝是( )。

   A. 汉文帝刘恒   B. 汉武帝刘彻

   C. 汉高祖刘邦   D. 汉光武帝刘秀

3. 汉高祖刘邦曾经这样夸赞他的一位谋士:"运筹帷幄之中,决胜千里之外,吾不如子房。"这位谋士是( )。

   A. 张良   B. 韩信   C. 萧何   D. 陈平

原文

自奉❶必须俭约❷，宴客切勿❸留连❹。

注释

❶自奉：自己的日常所需；奉，给予。❷约：节俭。❸勿：不要。❹留连：留恋不止，舍不得离去。

译文

自己的日常开支一定要节约，设宴招待客人一定要有所节制。

经典故事

晏子节俭持国

晏子是春秋时期齐国的相国，他在衣食住行方面十分节俭。晏子一日三餐都以蔬菜为主，最多只有一种肉食，决不允许两种肉食同时上餐桌。晏子乘坐的车子十分破旧，拉车的马也是一匹驽钝的老马。按照当时的标准，他的车子都不及一个中等官员的标准。

一次，齐王看到他乘坐的马车破旧不堪，拉车的马又非常驽钝,大惑不解。于是,齐王问晏子:"你的俸禄是不是不够啊?为什么你乘坐的车马这么不像样子?"晏子回答说:"君王给我的俸禄已经足够了,我现在吃得饱,穿得暖,还有一辆可以代步的马车,我还有什么更高的奢求呢?"齐王觉得晏子身为一国之相,乘坐这样的破车,实在有失身份。于是,齐王派人给晏子送去一辆豪华的车子和几匹骏马,晏子坚决不肯接受。反复送了几次后,晏子就是不肯接受。后来,办事的人没有办法,他就向齐王汇报。齐王听到后,就叫来晏子。齐王很不高兴地说:"如果你不接受我送的车马,那我也不乘车了。"

晏子回答说:"承蒙国君的信赖,让我协助您

治理齐国，我希望我能给国人做个节俭的榜样，就现在这样我还担心自己没有做好。如果我再乘坐豪华的车子，许多人就会在衣食住行方面跟着追求奢侈，这样一来，国家的很多事情就不好办了。"

齐王觉得晏子讲得很有道理，于是就不再给晏子送车马了，自己也跟着节俭治国。

拓展训练

1. 下面哪个成语与晏子有关？（　　）

A. 挥汗如雨　　B. 围魏救赵　　C. 老马识途　　D. 请君入瓮

2. 下面哪一位人物是历史上著名的清官？（　　）

A. 和珅　　B. 秦桧　　C. 魏忠贤　　D. 包拯

3. 除了这则故事，你还知道和晏子有关的故事吗？试着给你身边的小朋友讲一讲吧！

_____

_____

原文

器具质①而洁,瓦缶②胜金玉;饮食约③而精,园蔬④愈⑤珍馐⑥。

注释

①质:质朴。②瓦缶:指陶盆瓦罐等生活器具。③约:少。④园蔬:家常的蔬菜。⑤愈:胜过。⑥珍馐:珍奇美味食物。

译文

日常器具质朴洁净,那么陶盆瓦罐胜过金杯玉碗。饭菜简单但很精致,自己田园中种的蔬菜比山珍海味还要可口。

王恭赠席

王恭是东晋武帝时的将军,他有个朋友叫王忱,两人都住在南京,两人经常在一起研讨学问。有一年夏天,王恭有事到绍兴去,从绍兴回来后,王忱就去探望王恭。好友相聚,自然又天南地北地谈天说地起来。在谈论时,王忱发觉王恭坐的是一张六尺长的竹席。在夏天,坐在竹席上很凉爽。王忱说:"你刚从绍兴来,那里盛产竹席,你能不能也送给我一张竹席呢?"当时,王恭只顾得说事,并没有直接回答他。

等到王忱要告辞时,王恭就把他刚才坐的竹席送给王忱。王恭的家里只有一张竹席,将这唯一的竹席送给朋友后,他在夏天就只能坐草席。

后来,王忱知道了真实情况非常感动,但他又非常诧异,他就问王恭:"你从绍兴回来,我以为你会多带几张竹席,所以我才张口向你要,想不到你只有一张竹席。"王恭对王忱说:"你老兄还是不太了解我呀,我行事节俭,身边没有多余的东西,就竹席我也只有一张啊。"

拓展训练

1. 魏晋时期,出现了许多个性鲜明的文人,其中有七位文人被称作"竹林七贤",这七位是_____、_____、山涛、_____、_____、王戎和阮咸。

2. 东晋的_____和他的儿子王献之都是著名的书法家,被称为"二王"。其中_____写的《兰亭集序》为千古传诵的散文名篇。

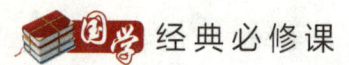

原文

wù yíng huá wū, wù móu liáng tián

勿营①华②屋，勿谋③良田。

注释

①营：建造。②华：豪华。③谋：谋取。

译文

不要建造华丽的屋舍，不要图谋肥沃的田地。

原文

zǔ zōng suī yuǎn, jì sì bù kě bù chéng; zǐ sūn suī yú, jīng shū bù kě bù dú

祖宗虽远①，祭祀不可不诚②；子孙虽愚③，经书④不可不读。

注释

①远：时间或者空间距离长，这里指生死相隔。②诚：诚恳。③愚：蠢笨。④经书："四书""五经"，这里泛指儒家经书。

译文

先祖虽然去世很久了，但是祭祀不能不虔诚；子孙虽然天生愚钝，但是"四书""五经"等经典不能不读。

经典故事

苦读成才的"笨蛋"

翟方进是汉成帝时的丞相，但在少年时他却

是一个常被人讥讽的"笨蛋"。

翟方进父母早逝,他只好到太守府里去打杂。在太守府里,由于手脚笨拙,太守府的人都叫他"笨蛋"。时间一长,翟方进也觉得自己是一个"笨蛋"了。

后来,一位长者听后,鼓励他去读书。听了长者的话后,翟方进决定离家到京师求学。

"笨蛋"翟方进到京师去求学的事传开后,人们都把这事当成茶余饭后的一则笑话。但翟方进不顾别人的讥笑,依然前往京师求学。翟方进到京师后,一边给人做杂役,一边求学,后来他投到五经博士门下专攻《春秋》,经过十余年的苦读,终于学有所成,不少人还投到他的门下求教。

拓展训练

1. "铁杵成针"的故事告诉我们:只要有毅力,肯下功夫,事情就一定能成功。"铁杵成针"的故事是哪位诗人小时候的故事?(　　)

　　A. 李贺　　B. 李白　　C. 李商隐　　D. 李煜

2. 人们常用"头悬梁,锥刺股"形容刻苦读书;"头悬梁"说的是汉朝人孙敬苦读的故事,那"锥刺股"是哪位历史名人的故事?(　　)

　　A. 韩信　　B. 萧何　　C. 苏秦　　D. 孙膑

原文

居身务期①质朴，教子要有义方②。勿贪意外之财，勿饮过量之酒。

注释

①务期：必须要求达到。②义方：为人处世应该遵守的道德规范，多指家教。

译文

生活上一定要勤俭朴素，教育子女一定要用适当的方法。不要贪图意外的财物，不要喝过量的酒。

经典故事

"神童"方仲永的故事

北宋年间，江西一户农民，生了一个小孩，取名叫方仲永。方仲永一生下来就显得与众不同，大人教他说话，一教就会；大人给他讲的故事，他能很完整地复述；教他读诗，他能过目不忘。方仲永三四岁就开始认字，五岁就能作诗了。

方仲永的名声越传越远，越传越大。当地的一些秀才不相信世上有"神童"，专门来到方仲永

孝经·朱子家训

的家中考他。他们随意指着一些东西,让方仲永作诗,方仲永不假思索,随即脱口而出。这些人又考一些其他问题,方仲永都能对答如流。这群秀才个个抓耳挠腮,想不出该出什么题目,最后只能心悦诚服地铩羽而归。这件事很快传遍远近的乡村,方仲永一下子成了远近闻名的"神童"。

听到"神童"的消息后,很多人都想一睹为快。所以,常有富家大户请方仲永的父亲带着方仲永去做客,并请他当众展示"指物作诗"的才能。

方仲永的父亲尝到了甜头,他天天带着方仲永四处拜访,让方仲永为人表演。小仲永整

日和父亲四处奔波，既没有时间休息，也没有时间学习，因而学业得不到任何长进，才思也日渐枯竭。

在方仲永十二三岁的时候，遇到了王安石，王安石早就听过这位"神童"的大名，他就请这位"神童"作诗。方仲永的诗虽然作成了，但平淡无奇，毫无新意，远没有传说中的神奇。又过了七年，王安石再次到江西，他向人询问方仲永的情况，人们摇头叹息道："他早就不是什么'神童'了，他现在和平常人没有什么区别！"

拓展训练

1. 读了方仲永的这个故事，你认为"神童"方仲永最后变成普通人的原因是什么？

_____

_____

_____

2. 在生活中，你曾听到过"神童"的新闻吗？你认为作为"神童"可以不学习吗？

_____

_____

_____

3. 方仲永的故事出自王安石写的一篇散文《伤仲永》，王安石是北宋著名的政治家、思想家和文学家，著名的"唐宋八大家"之一。"唐宋八大家"除了王安石还有_____、_____、_____、_____、苏洵、_____和曾巩。

4. 读一读，背一背。

王安石诗词两首：

泊船瓜洲

[宋] 王安石

京口瓜洲一水间，

钟山只隔数重山。

春风又绿江南岸，

明月何时照我还。

桂枝香·金陵怀古

[宋] 王安石

登临送目，正故国晚秋，天气初肃。千里澄江似练，翠峰如簇。归帆去棹斜阳里，背西风，酒旗斜矗。彩舟云淡，星河鹭起，画图难足。

念往昔，繁华竞逐，叹门外楼头，悲恨相续。千古凭高对此，谩嗟荣辱。六朝旧事随流水，但寒烟衰草凝绿。至今商女，时时犹唱，后庭遗曲。

原文

与①肩挑②贸易，毋占便宜；见贫苦亲邻③，须加温恤④。

注释

①与：跟，和。②肩挑：指肩挑货物，走街串巷做小买卖的小商贩。③亲邻：亲戚邻居。④温恤：体贴、救济。

译文

与肩挑货物的小商贩做交易，不要占他们的便宜。对于贫穷、困苦的亲戚或朋友，应当给予他们帮助和关爱。

孟浩然喝酒误事

孟浩然四十岁的时候，来到长安想要谋求一官半职。他找到了好友王维帮忙，王维满口答应，并邀请孟浩然到他的官邸饮酒欢聚。

孟浩然到长安的消息不胫而走，很多人都想一睹大诗人的风采。唐玄宗知道了孟浩然来长安的消息，他一时心血来潮，来到王维的官邸，想见一见孟浩然。孟浩然见到皇帝后受宠若惊，一首接

孝经·朱子家训

一首地背诵自己的诗作。孟浩然一边吟诗，一边饮酒，由于兴致很高，很快进入醉态，最后他将自己新作的诗歌《岁暮归南山》读给玄宗听。当读到"不才明主弃"一句时，本来听得很高兴的唐玄宗脸色一沉，说："你不曾想要做官，我什么时候抛弃你了？"说罢，拂袖而去。孟浩然因为酒醉，口不择言得罪了皇帝，丢失了获得官职的机会。

后来，孟浩然又想请好友韩朝宗帮忙，他与韩朝宗约定一起去长安。不料，在打算去长安的当天，一位老友来拜访，孟浩然设宴招待，席间孟浩然又喝得酩酊大醉。家人几次提醒他："你和韩大人约好上京的时间到了……"孟浩然

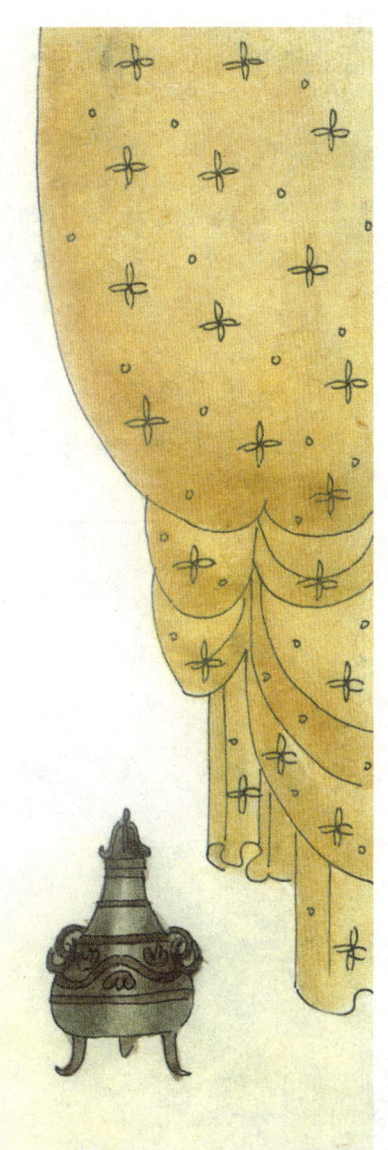

仍然不肯停止饮酒，不高兴地说："既然喝得尽兴，还管它上京不上京？"这句话恰巧被在客厅等候的韩朝宗听见，韩朝宗听后非常生气，他暗想：你竟然这样，我为何要推荐你？于是便独自去长安，孟浩然又失去一次做官的机会。

拓展训练

1. 孟浩然是山水田园诗派的代表诗人，他和下面哪位山水田园诗人并称"王孟"？（　　）

　　A. 王昌龄　　　B. 王维　　　C. 王之涣　　　D. 王勃

2. 趣味连线。

"李杜"　　　　"苏辛"　　　　"韩柳"

苏轼　　韩愈　　李白　　柳宗元　　杜甫　　辛弃疾

3. 读一读，背一背。

春　晓
[唐] 孟浩然

春眠不觉晓，处处闻啼鸟。

夜来风雨声，花落知多少。

原文

刻薄❶成家，理无久享；伦常乖舛❷，立见消亡。兄弟叔侄，须分多润寡；长幼内外❸，宜法❹肃辞严。

注释

❶刻薄：不厚道，不庄重。❷乖舛：错误，差错。❸内外：指男女之间。❹法：规矩，规范。

译文

靠损害他人利益而起家的人，不可能久享其成；做事违背伦理常规，很快就会自取灭亡。兄弟之间、叔伯之间，拥有的财物要均衡，钱财多的要资助钱财少的。家庭生活中，男女老幼之间，要有严格的规矩，长辈对晚辈言辞应该庄重。

经典故事

兄弟情深

王祥是东晋人，他母亲早逝，父亲在娶了继母后不久也病故了。父亲死后，王祥和继母以及异弟王览共同生活在一起。虽然王祥对继母言听计从，但继母对王祥却很不满意，甚至经常殴打王祥。王

祥的异弟王览很有同情心,每当看到母亲虐待哥哥时,他便啼哭不止;王祥遭受毒打时,他甚至抱住王祥不放,使母亲不得不停手。

随着年龄的增长,王祥和王览兄弟之情更加深厚。虽然母亲常将重活儿脏活儿推给王祥做,但王览总是帮着哥哥一起干,或者抢先将活儿独自干完。王祥的父亲死后,王祥爱护异弟,孝敬继母,对继母言听计从的品德在家乡广为传颂。这使继母非常嫉妒,她担心王祥出名后会做一官半职,那时肯定会回来报复她。想到这里,她就想将王祥杀死,以除后患。有一天吃饭的时候,继母将一杯毒酒递到王祥的面前,假惺惺地说了几句道歉的话,然后让王祥原谅她,喝掉酒。

王览对母亲的反常举动感到怀疑,他急忙走过去接过酒杯,假装要喝。他母亲吓坏了,王祥这才想到酒中有毒,他也连忙抢夺。王祥和王览两兄弟争着喝这杯毒酒,一个说甘心接受母亲的惩罚,一个说愿意替哥哥受死,一家人乱成一锅粥。继母见状,夺过酒杯,将毒酒倒在地上。此后,王览对母亲更加提防,凡是母亲送给哥哥吃的食物,他都要先尝一尝,使他母亲不敢再下毒。

拓展练

1. 东晋时期,有一位伟大的书法家,他的行书作品《兰亭集序》被誉为"天下第一行书",这位书法家是(　　)。

　　A. 王献之　　B. 钟繇　　C. 蔡邕　　D. 王羲之

2. "采菊东篱下,悠然见南山"是东晋时期哪位诗人的名句?(　　)

　　A. 谢灵运　　B. 左思　　C. 陶渊明　　D. 王粲

3. 读一读,背一背。

送杜少府之任蜀州
[唐] 王勃

城阙辅三秦,风烟望五津。

与君离别意,同是宦游人。

海内存知己,天涯若比邻。

无为在歧路,儿女共沾巾。

原文

听妇言，乖①骨肉②，岂是丈夫；重资财，薄③父母，不成人子。

注释

①乖：不和谐。②骨肉：指父母、兄弟、子女等亲人。③薄：轻视、冷落。

译文

轻信妇人挑唆的话而伤害骨肉亲情，难道是大丈夫应该做的事吗？看重钱财而冷落父母，不该是做子女的行为。

经典故事

缇萦上书救回父亲

西汉时期，汉文帝是个宽厚谦逊的好皇帝。当时有个名医叫淳于意，医术十分高明，却因为不肯曲意奉承王侯贵族而得罪了当地权贵，被罗织了罪名送到京城长安遭受"肉刑"。

淳于意有五个女儿，看到父亲要去受刑，她们都号啕大哭。淳于意心中难受，叹着气说："可惜我没有儿子，到了危急关头都没人能帮我！"他的小女儿缇萦听了父亲的话，心中十分悲痛。

于是，她跟着父亲一起来到长安，给汉文帝上书说："我的父亲是朝廷的官吏，大家都知道他既清廉又公正。现在他被判处了肉刑，我真的非常难过。不仅如此，我还为每一个受到肉刑的人而难过。因为一个人的手脚被砍掉、鼻子被割掉之后，就再也没法儿长回来了，就算他们肯改也没办法。我情愿给官府做奴婢来替父亲赎罪，好让他有一个改过自新的机会。"

汉文帝看了信，十分同情这位小姑娘，又觉得她说的有道理，就召集大臣，对大臣说："犯了罪该受罚，这是没有话说的。可是受了罚，也该让他有重新做人的机会才是。现在惩办一

个犯人,在他脸上刺字或者毁坏他的肢体,这样的刑罚怎么能劝人为善呢?你们商量一个代替肉刑的办法吧!"

大臣们一商议,拟定出一个新办法,把肉刑改为打板子。原来判砍去脚的,改为打五百板子;原来判割鼻子的改为打三百板子。

最终,汉文帝赦免了淳于意,并且下令废除肉刑。

拓展训练

古代对女子的不同年龄段有不同的称谓,你知道这些称谓对应的年龄吗?

12岁——金钗之年　　　(　)岁——豆蔻年华

(　)岁——及笄之年　　(　)岁——碧玉年华

(　)岁——桃李年华　　(　)岁——花信年华

孝经·朱子家训

原文

嫁女择佳婿,毋索①重聘②;娶媳求淑女,勿计厚奁③。

注释

①索:索要。②聘:聘礼。③厚奁:丰厚的嫁妆。

译文

嫁女儿要选品性好的人做女婿,不要索取贵重的聘礼。娶媳妇要娶贤惠的品德好的女子做媳妇,不要贪图丰厚的嫁妆。

经典故事

吕公嫁女

刘邦年轻时并没有什么作为,既不喜欢读书,又不愿意在家安心种田。后来,他想在官场发展,结果想尽办法,只当了个泗水县一个芝麻大的亭长。刘邦没有多少钱,却好赌嗜酒,为了赌钱喝酒,他常跟人赊账,没钱还的时候,他只好赖账不还。时间长了,周围的人都知道刘邦是个游手好闲、饮酒不给钱的无赖,大家也都看不起他。

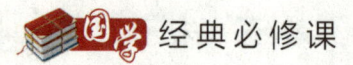

当时,有位吕公很有威望,他是小沛县令的好友,因为和人结怨来到小沛。听说吕公来到小沛,很多人都带着礼物来拜访。萧何当时是县令手下的主吏,他宣布了一条规定:贺礼钱不到一千钱的人,一律到堂下就坐。刘邦根本不管这些,他高喊着:"我出贺钱一万!"吕公听了赶紧询问萧何这人是谁,萧何说:"不要理睬,是不名一文的无赖刘邦在胡闹!"吕公早就听说刘邦的名字,他见刘邦身材高大,气度不凡,连忙请刘邦入座。刘邦毫不客气,慷慨就坐,旁若无人。

宴会结束后,吕公将刘邦留下来,说要将自己的女儿许配给刘邦。刘邦听后非常高兴,当即下跪喊吕公岳父。吕公把嫁女的决定告诉夫人,却遭到夫人的极力反对。吕公向夫人说道:"你不要用短浅的目光看人,刘邦现在虽然一无所有,但是他有大志,将来一定会有大的作为!"

后来,天下大乱,刘邦果然率众起义,推翻秦朝,并在楚汉争霸中大败项羽,建立汉朝,成为开国之君。吕公的女儿就是后来权倾天下的吕后。

拓展训练

1. "力拔山兮气盖世"是形容哪一位历史人物的?（　　）
   A. 刘邦　　B. 项羽　　C. 张良　　D. 韩信

2. "阿房宫"是哪位皇帝为自己修建的宫殿?（　　）
   A. 汉武帝　B. 唐太宗　C. 秦始皇　D. 宋太祖

3. 趣味连线。

   四面楚歌　　　　张良

   胯下之辱　　　　季布

   一诺千金　　　　韩信

   孺子可教　　　　项羽

4. 读一读,背一背。

大风歌
[汉] 刘邦

大风起兮云飞扬,

威加海内兮归故乡。

安得猛士兮守四方!

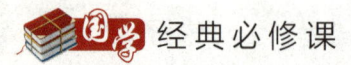

原文

见富贵而生谄容❶者,最可耻;遇贫穷而作骄态❷者,贱莫甚。

注释

❶谄容:谄媚巴结的丑恶嘴脸。 ❷骄态:骄傲看不起人的态度。

译文

看见富贵的人,便露出谄媚巴结的丑陋嘴脸,这种人最可耻。遇见贫苦的穷人,就摆出飞扬跋扈、趾高气扬的样子,这种人最卑贱。

好好先生司马徽

司马徽是东汉末年的大学者,他所处的时代,正是天下大乱的东汉末年。司马徽避居的地方,是刘表的地盘,他知道刘表愚昧糊涂,一些有学问的人常无辜受害,为避免连累他人和连累自己,司马徽常常闭口不言人过,遇到事只说一个字"好"。有人问他:"近来怎么样啊?"他回答说:"好。"这样说话时间久了,他说"好"就养成了习惯。有人死

了儿子,人家把这不幸的消息告诉他,他不假思索地还是说:"好。"他的妻子见他总是这样说话,就责怪

说:"人家敬重你的学问德行,才把不幸的事向你说,你不说安慰的话,反而说好,这是为什么呢?"司马徽听了之后说:"你的话说得更'好'。"

由此,司马徽得了一个"好好先生"的绰号。

拓展训练

1. "好好先生"常被比作不坚持原则,对谁也不敢或不愿得罪的人。在生活中,你认为这种不坚持原则的人好吗?

_____

_____

2. 在《三国演义》中司马徽向刘备举荐了诸葛亮,此后刘备_____(填成语),终于请出诸葛亮辅佐自己,成就了一番事业。

原文

居家戒争讼①，讼则终凶②；处世戒多言，言多必失。

注释

①争讼：争斗和打官司。②凶：不幸，不吉利。

译文

平常过日子应避免和人争斗、打官司，一旦打官司，终究是不吉利的。为人处世不要口无遮拦，话说多了就一定会有失误的地方。

经典故事

郭子仪怒杖惹祸儿子

"安史之乱"平定后，郭子仪一下子成为一人之下、万人之上的大人物。为打消皇帝的戒心，郭子仪交出兵权，并向皇帝请求将生平公主嫁给他的六儿子郭暧，可还是不能打消皇帝的戒心。

后来，唐代宗将自己的四女儿生平公主嫁给郭子仪的六儿子郭暧。郭暧和生平公主都二十多岁，一个年轻气盛粗率任性，一个金枝玉叶娇生惯养，两人难免吵闹。有一次，小夫妻俩在房间里又打闹起来，以致互相争执，各不相让。郭暧一时冲动，说了一句："你以为你父亲是皇帝，就了不得了，我父亲连你父亲的位子也看不上！如果没有我父亲平定叛乱，哪有你父亲的江山？"生平公主又气又恨，立即回宫将郭暧的话告诉给皇帝父亲。在封建社会，郭暧的话是犯上作乱的大罪，追究起来要满门抄斩。

郭子仪听了这件事后，大惊失色，马上下令将儿子捆起来，并亲自带着儿子进宫请罪。郭子仪在皇帝面前痛哭流涕，自责教子无方，请皇帝处罚自己和儿子。唐代宗听后，怒气消了一半，并安慰郭子仪说："这都是年轻人的气话，我怎么能在意呢？"

虽然皇帝赦免了郭暧，但郭子仪并没有原谅儿子，回到家里，他当众将郭暧打了几十大板。自此以后，郭家子弟都引以为戒，安分守己，不敢口出狂言；郭家也因此一直平安无事，享受荣华富贵。

拓展训练

1. "安史之乱"是唐代由盛转衰的关键,"安史之乱"是唐朝哪两位节度史发动的叛乱?(　　)

    A. 安禄山　　B. 郭子仪　　C. 史思明　　D. 李靖

2. 大诗人杜甫经历过"安史之乱",他用诗歌记述当时战乱给人民带来的不幸,下面那首诗歌与"安史之乱"无关?(　　)

    A.《石壕吏》　B.《新安吏》　C.《无家别》　D.《春夜喜雨》

3. 唐朝灭亡后的"五代十国"是我国又一个分裂时期,下面哪一个时期不是大分裂时期?(　　)

    A. 春秋时期　B. 战国时期　C. 南北朝时期　D. 元朝

4. 下面哪一首诗歌反映的是唐代帝王的爱情故事?(　　)

    A.《长恨歌》　B.《孔雀东南飞》　C.《凤求凰》　D.《桃花扇》

5. "一骑红尘妃子笑,无人知是荔枝来",说的是唐朝哪位历史人物的故事?(　　)

    A. 武则天　　B. 杨贵妃　　C. 唐太宗　　D. 唐玄宗

孝经·朱子家训

原文

勿恃❶势力而凌逼❷孤寡❸；毋贪口腹而恣❹杀牲禽❺。乖僻❻自是❼，悔误必多；颓惰❽自甘，家道❾难成。

注释

❶恃：依仗。❷凌逼：欺凌、逼迫。❸孤寡：孤儿和寡妇。❹恣：任意、肆意。❺牲禽：指猪、牛、羊、鸭子之类。❻乖僻：怪癖、不合群。❼自是：自以为是。❽颓惰：颓废，懒惰。❾家道：指家庭状况。

译文

不要依仗着权势去逼迫那些无依无靠的孤儿寡母，不要因为贪图口腹之欲，而去任意宰杀牲畜家禽。性格古怪、孤僻，但又自以为是的人，一定会做很多错事，悔恨也一定很多。自甘颓废、懒惰又自暴自弃的人，是很难建立起家业的。

歹毒的吕雉

刘邦晚年特别宠爱戚姬和她的儿子如意，但此时太子是吕雉的儿子，刘邦虽然宠爱戚姬母子，却并没有废掉吕雉和她的儿子。刘邦深知吕雉心狠手辣，所以他特意将戚姬和她的儿子派到外地，以免被害。

刘邦死后，吕雉的儿子惠帝继位。没有刘邦，如意母子就失去了依靠，吕雉仗着儿子是皇帝，就肆意妄为。她把戚姬剃成光头，脖子上套上铁圈，和有罪的宫女关在深宫中昼夜不停地舂米。不胜其苦的戚姬在舂米时不停地唱歌，抒发对儿子如意的思念。吕雉知道后，就将如意招到长安，想害死他。惠帝是一个宽厚的人，他知道母亲的意图，便亲自迎接如意，之后时刻陪伴着如意，不让母亲有下手的机会。但后来，吕雉还是设计害死了如意。

杀死如意，吕雉故意将消息告诉戚姬。戚姬痛不欲生，当面大骂吕雉。吕雉派人将戚姬做成"人彘"，还指给惠帝看，说这就是之前的戚姬。惠帝看后大惊失色，并由此大病不起，一年多就死了。

惠帝死后，吕雉另立一个小孩儿做皇帝，不久又将他杀了。后来，吕雉干脆自己临朝听政，并将吕家的亲戚封王封侯，想以此取代汉家天下。在吕雉死后，汉朝旧臣联合将吕氏满门抄斩。

拓展训练

1. 中国历史上曾出现过一位唯一的女皇帝,她是（　　）。
 A. 萧太后　　B. 吕雉　　C. 武则天　　D. 慈禧

2. 毛泽东诗词"惜秦皇汉武,略输文采","秦皇"是指秦始皇嬴政,那"汉武"是指_____。

3. 读一读,背一背。

沁园春·雪
毛泽东

北国风光,千里冰封,万里雪飘。望长城内外,惟余莽莽;大河上下,顿失滔滔。山舞银蛇,原驰蜡象,欲与天公试比高。须晴日,看红装素裹,分外妖娆。　江山如此多娇,引无数英雄竞折腰。惜秦皇汉武,略输文采;唐宗宋祖,稍逊风骚。一代天骄,成吉思汗,只识弯弓射大雕。俱往矣,数风流人物,还看今朝。

原文

狎昵❶恶少❷，久必受其累❸；屈志❹老成❺，急则可相依。轻听❻发言❼，安知❽非人之谮诉❾？当忍耐三思❿。因事相争，焉知非我之不是，须平心⓫暗想。施惠⓬无念⓭，受恩莫忘。

注释

❶狎昵：过分地亲近。❷恶少：品行恶劣的少年。❸累：连累。❹屈志：曲意迁就，抑制意愿。❺老成：年长社会经验丰富的人。❻轻听：轻易听信。❼发言：别人的话。❽安知：怎么能知道。❾谮诉：指诬陷，背后说坏话。❿三思：再三考虑。⓫平心：心平气和。⓬施惠：施予恩惠。⓭无念：不要放在心上。

译文

结交品行不端的少年，时间长了必定会受到他们的连累。虚心接近那些老成持重、德高望重的人，遇到紧急情况时，你定会得到他们的协助。轻易相信别人说的话，怎么知道不是别人在恶意中伤呢？所以应该沉住气冷静地再三考虑。因为某件事而与人发生争执，怎么知道不是自己的过错呢？所以应该平心静气，再仔细想想。给别人的恩惠，不要总是记在心上而指望着别人回报。受到他人的恩惠，一定要牢记在心，并要想方设法报答人家。

唐敬宗死于非命

唐敬宗李湛是一位不务正业的皇帝。他虽然是皇帝,却非常喜欢摔跤,常命令左右的太监陪他摔跤。可那些不擅长摔跤的小太监常因体力不支而受到体罚。唐敬宗为了一己之欢,就高价在民间招募到石定宽、苏佐鸣等人陪他摔跤。石、苏两人本来是民间的流氓恶少,就凭着会摔跤而被招募进宫。进宫后,唐敬宗就命令他们整天为自己表演摔跤,表演时一定要摔得头破血流,不然就要受到处罚。此外,他还在民间招募到一些球手,为他踢球表演。如果这些球手不尽力,就会被发配到边疆,就连家属也会受到牵连。日子一长,这些人都非常憎恨唐敬宗,但唐敬宗并没有觉察到,依旧整天和这些人在一起戏耍。

除了摔跤和看球,唐敬宗还喜欢在夜里捕捉狐狸,他白天上朝无精打采,晚上打狐狸却非常精神。

有一次,唐敬宗又带着一群恶少和太监去捕捉狐狸,到深夜才满载而归。一回宫,唐敬宗就设宴与这群人彻夜欢饮,后来众人都晕头转向,倒地而睡,唐敬宗才摇摇晃晃地回到寝宫。回到寝宫后,有太监趁机把灯烛吹灭,石定宽和苏佐鸣以及几个太监在更衣室里把唐敬宗杀死了,然后谎称皇帝暴病而亡。

拓展训练

1. "三思而行"是指做事要经过反复考虑,然后才去做。你还能列举几个与"三思而行"意思相近的成语吗?

_____

_____

2. 读一读,背一背。

念奴娇·赤壁怀古
[宋] 苏轼

大江东去,浪淘尽,千古风流人物。故垒西边,人道是,三国周郎赤壁。乱石穿空,惊涛拍岸,卷起千堆雪。江山如画,一时多少豪杰。

遥想公瑾当年,小乔初嫁了,雄姿英发。羽扇纶巾,谈笑间,樯橹灰飞烟灭。故国神游,多情应笑我,早生华发。人间如梦,一樽还酹江月。

孝经·朱子家训

原文

凡事当留余地,得意不宜再往。人有喜庆❶,不可生妒忌心;人有祸患❷,不可生喜幸心。善❸欲人见,不是真善;恶❹恐人知,便是大恶。

注释

❶喜庆:值得高兴和庆贺的好事。❷祸患:灾祸。❸善:做善事。❹恶:做坏事。

译文

无论做什么事,都该留有余地;称心如意就应该知足,不要贪得无厌得寸进尺。看到别人有值得庆祝的喜事,不能心怀嫉妒;看到别人遭遇不幸,不能隔岸观火,幸灾乐祸。做了好事希望别人看到,那不是真正的行善;做了坏事,害怕别人知道,那就是真正的恶人。

负荆请罪

战国时期,赵国有一文一武两个得力的大臣。文臣是蔺相如,武将是廉颇。廉颇为赵国打了许多胜仗,立下了汗马功劳。蔺相如因为在与秦国的

两次外交攻防战中表现突出,凭借着勇气与机智使赵国处于不败之地,所以官阶升至上卿,朝廷朝会时的位置还在大将军廉颇之上。

廉颇很不服气,他对人说:"我为赵国出生入死多年,立下许多战功,才有如今的地位,而蔺相如不过是凭借口舌之利,就位居我之上。等我下次见到他,我一定要好好羞辱他!"蔺相如听到这些话之后,就开始故意躲着廉颇,上朝时也常推说自己身体不舒服,避免与廉颇发生冲突。一天,蔺相如驾车出门,远远地看见廉颇就赶紧让车夫避开,等廉颇的车过去后才走。

蔺相如身边的门客都觉得他太懦弱了,纷纷埋怨他:"您与廉将军地位相同,他口出恶言,您却如此害怕,也太过分了!"蔺相如听了,心平气和地问他们:"大家觉得廉将军和秦王相比,哪个更厉害?"大家齐声说:"当然是秦王了!"

蔺相如又说:"是呀!我连秦王都不怕,敢在朝堂上大声呵斥他,又怎么会怕廉将军呢?我只是想,强大的秦国之所以不敢入侵赵国,就是因为我和廉将军在呀。如果我们两个起冲突,就好比两只老虎相争一样,必然有一个会受到伤害。这不是就给秦国制造了进攻赵国的好机会吗?你们想想,与国家大事相比,我的面子又算得了什么呢?"

这些话很快就传到了廉颇耳中,廉颇感到惭愧极了,决定去向蔺相如认错。于是,廉颇脱去上衣,光着脊背,背了一根荆条直奔蔺相如家。一见到蔺相如,他就当众跪了下来,双手捧着荆条向蔺相如请罪,让他鞭打自己。蔺相如赶忙把荆条扔到地上,双手扶起廉颇,请他穿好衣服,拉着他的手坐下了。

从此以后,廉颇和蔺相如成了好朋友,两个人同心协力为赵国办事,赵国因此变得更加强大了。

拓展训练

读一读。

富贵不能淫,贫贱不能移,威武不能屈。 ——孟子

原文

家门和顺❶，虽饔飧❷不济，亦有余欢。国课❸早完，即囊橐❹无余，自得至乐。读书志在圣贤，非徒科第❺。为官心存君国，岂计身家。守分安命，顺时听天。为人若此，庶乎❻近焉。

注释

❶和顺：和睦融洽。❷饔飧：早饭和晚饭。❸国课：国家征收的官粮赋税。❹囊橐：口袋、袋子。❺科第：古代科举考试，每科按成绩排列等级，根据成绩分科录取。❻庶乎：差不多，接近。这里指接近圣贤的标准。

译文

　　家庭成员之间相处和睦融洽，即使缺吃少穿，家里一样会有欢声笑语。把该缴纳的赋税都上缴了，这样即使口袋里的钱粮所剩无余，心里也会觉得踏实快乐。读书的目的是要提升自身素养，增长才干，成为一个品德高尚的人，而不仅是为了登科及第。做官要忠君爱国，而不能只顾一己之利。如果能够这样做人，那就非常接近圣贤的标准了。

宋太宗以读书为乐

宋太祖爱读书，在位时曾要求文武百官大量读书,明白治理国家的道理。宋太宗继位后,也十分重视书的作用,平时读书到了手不释卷的地步。宋初,国家史馆藏书万余卷,后来宋太宗又下诏把各地藏书集中到京师,百姓献书皆有赏,很快国家藏书就达到了八万卷。这些书集中在史馆、昭文馆和集贤院中,时称"三馆"。三馆早在梁代就已经建立,但房屋都很简陋。宋太宗继位后,亲自到三馆观看藏书,感叹说:"三馆如此简陋,又怎么能接待天下贤士呢!"于是下令另修新馆,赐名"崇文院"。

宋太宗还曾命人编写过一部规模宏大的分类百科全书。当时李防等人花了七年时间,摘录上千种古籍,终于编成了共一千卷的《太平总类》。成书以后,宋太宗非常高兴,他对大臣说:"从今天起,我要每天读三卷《太平总类》,争取一年之内把这部书读完。"

大臣担心皇帝每天要处理那么多国家大事,再耗费时间去读这部巨著会操劳过度,就劝他说:"陛下好学不倦,以读书为乐事,这自然是好事。但每天读三卷书也未免太伤神了,陛下要注意身体呀!"
宋太宗却摇摇头回答:"我喜欢读书,从书里能得到很多乐趣,开卷有益嘛!这本书虽然厚,也不过一千卷,每天读三卷,只要一年就读完了,我并不觉得十分劳神。"

此后,宋太宗果然每天阅读《太平总类》三卷,从不间断。即使哪天因国事繁忙而耽搁了,之后有空时也一定会补上。一年后,宋太宗按时读完了《太平总类》,便因此将这本书改名为《太平御览》。通过这本书,宋太宗了解了大量史实,经常和群臣讨

论历史上的帝王得失,处理国家大事也更加得心应手。当时的大臣们见皇帝如此勤奋读书,也纷纷效仿,一时读书之风十分盛行。

如今,《太平御览》已成为我国传统文化的宝贵遗产,它保存了大量宋朝以前的文献资料,因此显得弥足珍贵。

拓展练

1. 《春秋》是我国第一部编年体史书,他的编撰者是(　　)。

A. 荀子　　B. 孟子　　C. 孔子　　D. 庄子

2. "富贵不能淫,贫贱不能移,威武不能屈,此之谓大丈夫。"这句话的意思是_____

_____

_____

4. 读一读,背一背。

陋室铭

[唐] 刘禹锡

山不在高,有仙则名。水不在深,有龙则灵。斯是陋室,惟吾德馨。苔痕上阶绿,草色入帘青。谈笑有鸿儒,往来无白丁。可以调素琴,阅金经。无丝竹之乱耳,无案牍之劳形。南阳诸葛庐,西蜀子云亭。孔子云:何陋之有?